Das Pferdisch Prinzip

Neue Wege im Umgang mit Pferden und Menschen

Christine & Friedhelm Pohl

Das Pferdisch Prinzip

Neue Wege im Umgang mit Pferden und Menschen

Christine & Friedhelm Pohl

Müller Rüschlikon

Einbandgestaltung: Katja Draenert

Bildnachweis: Dr. Christine Pohl, Pferdisch GbR

Dieser Titel ist 2003 bereits im Eigenverlag der Autoren erschienen.

Alle Angaben in diesem Buch wurden nach bestem Wissen und Gewissen gemacht. Sie entbinden den Pferdehalter nicht von der Eigenverantwortung für sein Tier. Für einen eventuellen Missbrauch der Informationen in diesem Buch können weder die Autoren noch der Verlag oder die Vertreiber des Buches zur Verantwortung gezogen werden. Eine Haftung für Personen-, Sach- und Vermögensschäden ist ausgeschlossen.

ISBN 978-3-275-01589-4

1. Auflage 2007

Sie finden uns im Internet unter www.mueller-rueschlikon-verlag.de

Lektorat: Claudia König
Herstellung: Medienfabrik GmbH, 71696 Möglingen
Druck und Bindung: KoKo Produktionsservice, 70900 Ostrava
Printed in Czech Republic

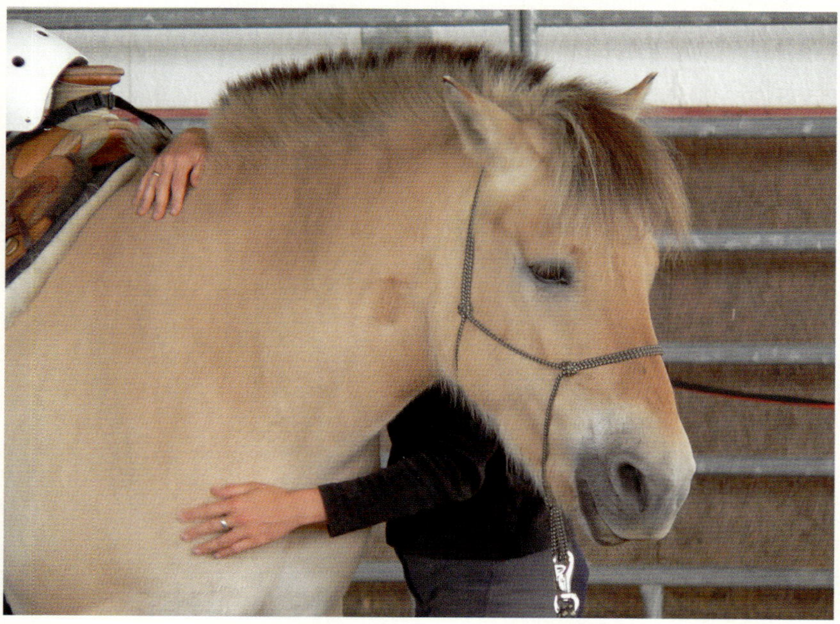

Christine & Friedhelm
mit Nafila 2006

Biografien der Autoren

Dr. Christine Pohl wurde 1966 in Osterode am Harz geboren, wo sie im dörflichen Umfeld von Kindesbeinen an auf dem Pferderücken zu finden war. Von Dressur, über Jagden, Pferderennen, Springen, Westernreiten und Kutsche fahren bis hin zur Zucht haben die Pferde ihr Leben auch im Ausland begleitet. Obwohl sie immer etwas mit Pferden machen wollte, studierte sie zunächst Geodäsie in Hannover, promovierte 1996 in den Niederlanden, arbeitete mehrere Jahre als Forscherin in Madrid und lehrte bis Ende 2001 an einem internationalen Institut in den Niederlanden.

Es ist unglaublich, aber keine unserer Erfahrungen ist in der Rückschau entbehrlich.

Friedhelm Pohl wurde 1954 als Friedhelm Splett in Gelsenkirchen-Buer geboren. Nach einer Lehre zum Industriekaufmann begann er 1974 eine Ausbildung bei der Polizei, wo er als Diplomverwaltungswirt zur Kriminalpolizei wechselte und später eine Ausbildung zum Verhaltenstrainer mit Schwerpunkt Kommunikation und Stressbewältigung nach einem Konzept des Max-Planck-Instituts in München absolvierte. In seiner Freizeit sammelte er intensive Erfahrungen in Balance-Sportarten, wie Tauchen, Wind-Surfen und Motocross. Außerdem hat die Musik immer eine große Rolle gespielt. Seine Pferdefaszination hat 1989 angefangen. Er sammelte umfassende Erfahrungen im Western-Turniersport, den er aber an den Nagel hängte, als ihm klar wurde, dass je höher man kommt, der Partner Pferd immer mehr zum Sportgerät verkommt. Er gründete 1998 die Firma Mentales Training für Reiter und bot neben Pferdetraining und Reitunterricht ein breites Seminarprogramm an, das sich mit Bodenarbeit und den Pferden als Medium zur Persönlichkeitsentwicklung beschäftigte.

Christine und Friedhelm haben sich im Jahr 2000 auf einem Seminar, das von der Internetzeitung Pferdezeitung.com organisiert worden war, kennen gelernt. Christine hatte damals einen Platz in dem Bodenarbeitsseminar von Friedhelm Splett gewonnen.
Auf dem Seminar wurde klar, dass sie viel voneinander lernen würden. Es entstand ein reger Austausch bzgl. der Arbeit mit Pferden. Unabhängig voneinander hatten beide davon geträumt, eines Tages ein Ausbildungszentrum zu gründen.

Gemeinsam arbeiteten sie an einem neuen Konzept. Sie verglichen verschiedene Reitweisen und Ausrüstungen im Detail, machten vielerlei Tests mit ihren verschiedenen Pferden, die in der Dressur bzw. der Reining ausgebildet waren. Im Bereich der Bodenarbeitsseminare und dem Konzept zur Persönlichkeitsentwicklung gingen sie neue Wege.

Zwei absolut unterschiedliche Lebenswege führen zum gleichen Ziel.

Beide haben ihre bisherigen Leben komplett umgekrempelt, um die neuen Erkenntnisse in der Praxis zu leben. Sie haben sich von ihren Partnern scheiden lassen und ihre Anstellungen gekündigt, um gemeinsam ein Ausbildungszentrum für Pferde und Menschen zu gründen.

In der Zwischenzeit haben Christine und Friedhelm am Institut für Klangmassagetherapie von Peter Hess® eine Ausbildung in der Klangmassage absolviert. Friedhelm ist inzwischen Klangpädagoge nach Peter Hess®. Christine ist außerdem Sportpferdemassagetherapeutin, ausgebildet bei Equissage® in den USA.

Daraus ist heute Pferdisch geworden. Mit Seminaren zur Bodenarbeit, Intensivtraining zum Thema Reiten, sowie Fortbildungen zum Pferdisch Coach, Reitlehrer und Pferdetrainer und einem breit gefächerten Angebot zur Persönlichkeitsentwicklung (Personal Coaching, Klangbehandlungen) bietet Pferdisch Menschen und Pferden die Möglichkeit, ihr Potential zu entfalten, zu gesunden und kooperativ mit anderen Kreaturen den Sinn des Leben neu zu entdecken.

Indian Summer – Virginia 2002

Vorwort

Es ist kein Zufall, dass Sie dieses Buch in der Hand halten. »Habent sua fata Libelli« – Bücher haben ihre Schicksale hat schon Terentius Maurus gesagt. Nach unserer Überzeugung gibt es keinen Zufall. Wer Augen und Ohren offen hält, bekommt zur richtigen Zeit am richtigen Ort die richtigen Informationen für die Gestaltung seines Lebens. Sich darauf einzulassen, macht die Faszination des Lebens aus.

Dieses Buch kann eine Idee vermitteln, die Idee, zu leben.

Vielleicht gehen Sie mit dem Inhalt dieses Buches in Resonanz. Dann hat dieses Buch sein Ziel erreicht. Oder das Gelesene macht Sie sauer und wütend. Dann

Jaffar – 2006

Neoh & Philippo – 2003

hat das Buch auch sein Ziel erreicht, denn Sie beschäftigen sich mit Ihrem Selbst.
Veränderungen machen uns gewöhnlich Angst, da wir unser sicheres Umfeld verlassen und nicht wissen, was wir dafür bekommen werden. Es ist so, dass etwas Neues erst entstehen kann, wenn das Alte losgelassen wird, denn nur dann sind wir frei für etwas Neues.
Wir sind den Weg bereits gegangen. Wir haben unsere Ängste überwunden und losgelassen. Gefunden haben wir Zufriedenheit und absolute innere Ruhe, sowie das Bewusstsein, dass wir immer versorgt sein werden und nun endlich unser eigenes Potential ausschöpfen können. Wir haben damit die Basis gefunden, um aus dieser Kraftquelle heraus andere Menschen auf ihrem Weg zu begleiten und ihren Heilungsprozess zu unterstützen.
Viele Weggefährten, die uns ein Stück begleitet haben, zogen es zunächst vor, wieder in ihre sicheren, selbst gewählten Gefängnisse zurückzukehren. Aber das ist das Schöne: Jeder von uns hat jederzeit die freie Wahl. Alles wiederholt sich ohnehin, bis es gelöst ist.

Christine & Friedhelm Pohl
Warendorf, Frühjahr 2003

Vorwort zur Neuauflage

Als wir uns im Frühjahr des Jahres 2003 hingesetzt haben, um dieses Buch zu schreiben, befanden wir uns am Anfang einer Phase der Neuorientierung zu einer ungewissen Zukunft hin. Die größten Ängste hatten wir hinter uns gelassen, nicht aber unsere Familien.

Wir wurden für verrückt erklärt, für psychisch krank, weil wir uns entschlossen hatten, ohne Sicherheitsnetz, ohne entsprechende finanzielle Sicherheiten, einfach nur unserem Gefühl und einer unerklärlichen inneren Gewissheit folgend unsere »sicheren« Berufe aufzugeben, um das Pferdisch Prinzip zu leben. Einiges an Entwicklungsarbeit hatten wir zu dem Zeitpunkt bereits hinter uns gebracht, sehr viel lag aber noch vor uns.

Dieses Buch haben wir damals in die Zukunft geschrieben, quasi als Vision, denn wir konnten nicht wissen, wohin uns unser Weg führen sollte.

Heute sitzen wir vor der zweiten Auflage, die dieses Mal nicht unter finanziellen Klimmzügen durch uns selber gestanzt werden muss. Vielmehr steht heute ein renommierter und seriöser Fachbuchverlag hinter uns, der bereits die Folgebücher unter Vertrag genommen und zum Teil bereits publiziert hat. Wir können mit Freude sagen, dass die damalige Vision seit einigen Jahren ihre Feuertaufe bestanden hat. Unsere kühnsten Erwartungen haben sich inzwischen erfüllt oder sind sogar übertroffen worden, denn wir konnten nicht ahnen, welche tiefe Zufriedenheit unsere Lebensphilosophie uns und auch den vielen Menschen, die uns auf unserem Weg in den Jahren begleitet haben, gebracht hat.

Lange schon besteht Pferdisch nicht mehr nur aus uns beiden Vorreitern. An vielen Orten sprießt dieses Pflänzchen bereits und wird größer und stärker.

Wir haben auch heute nicht die Vorstellung, dass Pferdisch sich zu einer Massenbewegung auswachsen könnte. Es gibt auch heute noch deutlich mehr Menschen, die sich weiterhin durchmogeln wollen, die keine Verantwortung übernehmen wollen/können. Aber die andere Gruppe wächst. Und deren Vertreter werden jünger.

Hatten wir zunächst überwiegend mit Menschen jenseits der 40 intensiven Kontakt, Menschen, die bereits soviel erlebt hatten, dass sie genau wussten, wohin sie wollten, stellt sich das Durchschnittsalter unserer Schulungsteilnehmer heute 10 – 15 Jahre jünger dar.

Unsere »Schüler« sind zwischen acht und 68 Jahre alt, aber immer mehr Menschen um die Dreißig sehen in Pferdisch eine Perspektive für einen Neuanfang, für eine Existenzgründung, um gesund und in Harmonie mit Mensch und Pferd ihr Leben

bewusst und eigenverantwortlich gestalten zu können. Die Pferdisch Gemeinschaft wächst und gedeiht. In Freundschaft und kooperativer Unterstützung entstehen Orte liebevoller Begegnung und ehrlicher Auseinandersetzung auf einer Ebene. Das war damals unsere Vision. Entgegen der Ansicht vieler Zweifler kann »man« durchaus in dieser liebevollen Energie »überleben«, gesund und zufrieden.
Wir wünschen den Lesern dieses Buches Inspiration und Mut, zu sich zu stehen.

Ein Hinweis zum Schluss:
Wir haben das ursprüngliche Manuskript nur sehr geringfügig verändert, einige Bezeichnungen mussten der Entwicklung angepasst werden. Die neuen Inhalte haben wir in einem zusätzlichen Kapitel (*Persönlichkeitsentwicklung nach Pferdisch*) dargestellt. Damit wollten wir aufzeigen, dass das Pferdisch Prinzip sich durchaus weiter entwickelt und auch künftig fortgeschrieben wird.

Christine & Friedhelm Pohl
Warendorf, November 2006

Friedhelm Pohl

Philippo & Neoh – 2003

Einleitung

Wir können nicht erwarten, dass die Pferde unsere Sprache erlernen, damit wir mit ihnen kommunizieren können. Wenn wir Zugang zu diesen herrlichen, starken, unbestechlichen und zugleich sensiblen Wesen bekommen möchten, dann müssen wir uns bemühen, ihre Sprache zu erlernen. Zu allen Zeiten gab es sensible Menschen, die diese Sprache intuitiv erahnt, erfasst und angewandt haben. Wir nennen diese Sprache Pferdisch. Das Erlernen und Beherrschen dieser Sprache wird uns nicht nur Einblicke in das Wesen der Pferde ermöglichen, es wird uns auch zu uns selbst zurückführen, zu unserem eigentlichen Sein. Es wird uns die Beweggründe und Motive unseres Handelns ebenso offenbaren, wie unseren momentanen Standort und die unendlichen Möglichkeiten unseres Wachstums.

Wir müssen uns auf die Pferde einlassen.

Pferdisch ermöglicht es uns, unser Potential zu erkennen. Es ermutigt uns, es zu wagen, unser Potential auszuleben. Pferdisch dient der Sinnfindung unseres Lebens und ermöglicht es uns, unsere verborgenen Ängste zu ergründen und anzunehmen. Pferdisch zeigt uns unseren individuellen Weg des Wachstums, des Werdens zu einer unabhängigen Persönlichkeit, die sich wieder fühlt, spürt, die sich vertraut und die intuitiv aus diesem neu gewonnenen Urvertrauen heraus handelt.

Warum kann Pferdisch all das für uns bewirken? Weil die Pferde die einmalige Gabe haben, uns in jedem Augenblick zu spiegeln, uns zu reflektieren und uns jeden Entwicklungsschritt – vorwärts und rückwärts – unmittelbar zurückzumelden.

Durch das Pferd können wir lernen, dass die technischen und zivilisatorischen Errungenschaften uns nicht wirklich weitergebracht haben.

Das Pferd fasziniert uns seit jeher. Der Grund dafür liegt genau in dieser Tatsache: Durch das Pferd können wir das Menschsein wieder erlernen. Das Menschsein fern von allem Höher, Schneller und Weiter. Fern von allem Ergeiz, aller Selbstbestätigung, fern von allen Gefühlen der Minderwertigkeit, fern von aller Aggression und Kampf, fern von jeder Depression und Krankheit. Fern aller Befürchtungen die Zukunft – und fern aller Schuldgefühle die Vergangenheit – betreffend. Das Pferd bringt uns ins Hier und Jetzt, dahin wo das Leben stattfindet.

Round Hill, Montana – 2002

Die Bedeutung der Pferde für unser Menschsein

Es ist nicht entscheidend, wer wir sind! Es ist nicht entscheidend, was wir sind! Entscheidend ist nur, wie wir sind.

Ein Pferd lernt immer.

Es wird augenblicklich auf alles, was wir tun, angemessen reagieren. Dabei spiegelt es uns jederzeit unsere wahre Befindlichkeit wieder. Ein Pferd lässt sich weder durch einen Maßanzug, noch durch eine teure Uhr beeindrucken. Kein Taschenspielertrick und keine Fassadentechnik kann ein Pferd täuschen. In jedem Augenblick ist das Pferd der herrliche oder brutale Spiegel für unser momentanes SEIN.

In jedem Augenblick ist das Pferd der herrliche oder brutale Spiegel für unser momentanes SEIN.

Im Gegensatz zum Menschen trägt uns das Pferd jedoch nichts nach. Ändern wir uns, ändern wir unser Verhalten, so wird das Pferd augenblicklich auch darauf angemessen reagieren. Kein Ego gibt sich verletzt und legt immer wieder nach, um uns unsere Fehler und Versäumnisse erneut vor Augen zu halten. Dieser Umstand kann gar nicht genug betont werden, denn darin liegt der Wert, den das Pferd als Lehrmeister für uns hat.

Das Pferd ist weder das in vielen Büchern beschriebene Fluchttier, noch ist es ein unintelligentes Wesen, das lediglich durch permanente Wiederholung konditioniert werden kann. Ebenso wie wir entscheidet es sich je nach Situation für Angriff oder Flucht.

Schon früh konnten wir die Beobachtung machen, dass drei Stuten sich schützend vor ein Fohlen stellten, um mit ihrer Hinterhand einen sich nähernden Rottweiler in die Flucht zu schlagen. Es wäre den Pferden ohne weiteres möglich gewesen, ins freie Gelände zu entfliehen. Wir haben Pferden bestimmte erwünschte Bewegungsabläufe ein einziges Mal gezeigt, wobei wir sicher waren, dass sie diese verstanden hatten. Als wir diese Lektionen Wochen später abgefragt haben, haben die Pferde sie in einer Leichtigkeit und Perfektion ausgeführt, dass wir nur verblüfft sein konnten.

Kampf oder Flucht. Der Mensch kann dieses Naturgesetz durchbrechen.

In Virginia bekamen wir den Auftrag, während unseres 14-tägigen Aufenthalts im Frühjahr 2001 eine junge Paint Horse Stute namens Dancer anzureiten. Wir beschlossen, sie täglich morgens und abends jeweils 20 Minuten zu trainieren. Dancer hatte bereits Erfahrung in der Pferdisch Bodenarbeit und war an den Sattel gewöhnt. Wir begannen mit der Festigung des Respekts- und Vertrauensverhält-

nisses in der Bodenarbeit, anschließend balancierten wir sie auf zwei Spuren aus, bis sie schließlich diese neu erlernte Balance auch bei Störungen jederzeit selbstständig wieder herstellen konnte. Danach förderten wir den Aufbau von Muskulatur und Kondition.
Die Pferdisch Jungpferdeausbildung zum Reitpferd nutzt die Bodenarbeit als Basis, um dem Pferd angst- und stressfrei die reiterlichen Hilfen praktisch unbewusst zu vermitteln. Denn nur ohne Angst und Stress ist das Pferd (wie auch der Mensch) in der Lage zu lernen.
Als erstes lernte Dancer, balanciert unter dem Reiter zu schreiten und zu traben. Dann kamen die Wendungen, das Losgehen und Anhalten hinzu. Mit Sitz, Schenkel- und Zügelhilfen (wobei wir anfangs nur ein Knotenhalfter verwandten) lernte sie schnell, auch unabhängig von der Person in der Mitte auf die Anfragen des Reiters zu reagieren.
Nach nur zehn Tagen ritten wir die Stute in einer Gruppe von ca. 15 Pferden ins Gelände. Sie war mit Abstand das gelassenste, zufriedenste und selbstbewussteste Pferd!
Bemerkenswert ist in der Rückschau, dass es uns gelungen ist, das Pferd ausschließlich in stressfreier Atmosphäre zu schulen. Wir haben diese Ausbildung per Video lückenlos dokumentiert. Danach dürfte klar sein, dass ein Pferd nicht ein dummes Wesen ist, das nur durch ständige Wiederholung lernt. Wir haben Dancer alle Elemente nur ein einziges Mal erklärt. Von da an waren sie jederzeit abrufbar.
Wir möchten mit unserer Feststellung sogar noch weiter gehen. Ein halbes Jahr später kamen wir erneut nach Virginia und erhielten den Auftrag, die Ausbildung fortzusetzen. Von der ersten Sekunde an waren die dem Pferd im Frühjahr vermittelten Übungen wieder abrufbar.

Das entscheidende Fazit ist: Schulen kann man ein Pferd nur ohne Druck, ohne Kampf, ohne Stress. Liegen eine oder mehrere dieser Störquellen vor, lernt ein Pferd wirklich nur nach 100 Wiederholungen, wenn überhaupt.

*Lernen ist nicht Konditionierung, Lernen ist **Begreifen**.*

Es wäre schön, wenn diese Feststellung auch auf die Ausbildung der Reiter übertragbar wäre. Bedingt trifft das zu. Zwar treffen die gleichen Störquellen zu, aber zusätzlich sind die meisten Reiter mit ihrer Aufmerksamkeit im Gegensatz zu den Pferden nur selten im Hier und Jetzt. Diese Tatsache stellt für die

Dancer – 2002

Reitausbildung eine solch' eminente Störquelle dar, dass Menschen tatsächlich stärker der Konditionierung bedürfen als Pferde.

Nun zurück zu unserem Verhältnis zum Pferd: Es ist gefährlich, eine Rolle im Leben zu übernehmen, für sich zu akzeptieren, sich vielleicht sogar damit zu identifizieren. Diese Rolle ist gleichbedeutend mit Erstarrung, Unflexibilität, Ausschluss von neuen Möglichkeiten, Wachstum.

Wie viele Erfahrungen bleiben uns versagt, wenn wir in unserer Rolle, unserem angeblichen Profil, unserem Status verharren.

Es ist sehr entscheidend, welche Motive und Absichten uns im Umgang mit dem Pferd antreiben. Wir wollen die Bedürfnispyramide des amerikanischen Psychologen Abraham Harold Maslow heranziehen (Abbildung 1), um die Bedürfnisstrukturen, deren Gesetzmäßigkeiten wir unterliegen, zu analysieren. Die Bedürfnispyramide von Maslow (1985)[1] ist eine hierarchische Anordnung unserer Bedürfnisse. Die höheren Bedürfnisse innerhalb der Hierarchie werden erst dann wichtig, wenn die darunter liegenden Bedürfnisse befriedigt sind.

Was treibt mich an, mit einem Pferd SEIN zu wollen?

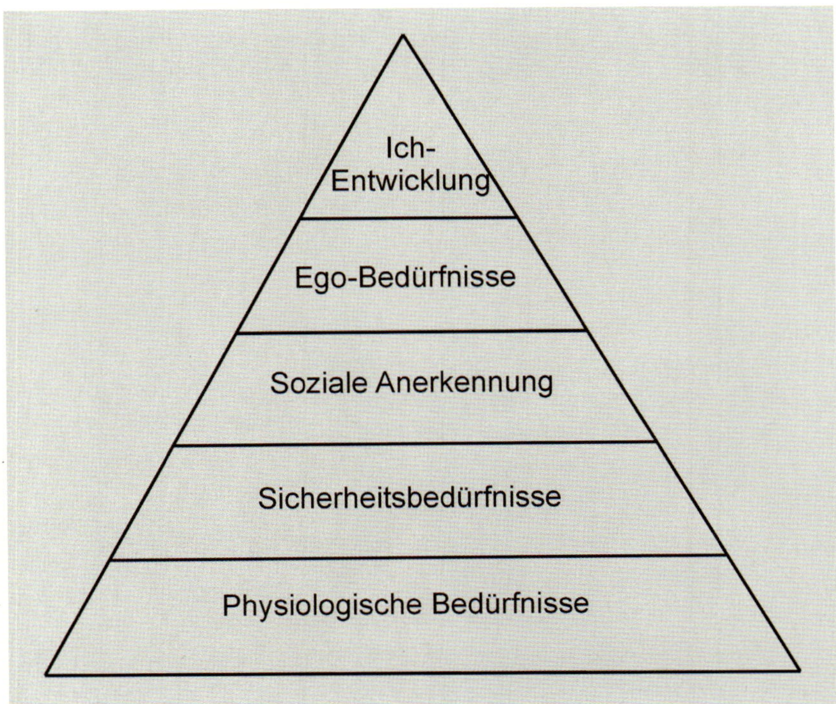

Abbildung 1: Bedürfnispyramide nach Maslow

[1] Quelle: Hans Peter Weidinger http://www.transpersonal.at

Maslow beschreibt die folgenden fünf Stufen in der Bedürfnispyramide folgendermaßen (nach Weidinger):

1. **Physiologische Bedürfnisse:** biologisch bedingte Bedürfnisse nach Sauerstoff, Nahrung, Wasser und einer relativ konstanten Körpertemperatur. Diese Bedürfnisse sind die stärksten, da der Mensch bei Nichterfüllung sterben würde.
2. **Sicherheitsbedürfnisse:** Bedürfnisse nach Sicherheit und Stabilität, Schutz, Strukturen, Grenzen, frei sein von Furcht, Angst und Chaos. Diese treten in Zeiten der Not oder Perioden der Desorganisation in der sozialen Struktur verstärkt hervor.
3. **Soziale Bedürfnisse:** Bedürfnis, Liebe und Zuwendung zu geben und zu empfangen und sich zugehörig zu fühlen. Die Frustration dieser Bedürfnisse führt zu Einsamkeit, Isolation und Entfremdung.
4. **Ego-Bedürfnisse:** Bedürfnis nach Achtung, Menschen brauchen einen stabilen, fest gegründeten, hohen Level an Selbst-Respekt und Respekt von anderen, um sich zufrieden, selbstbewusst und wertvoll zu fühlen. Wenn diese Bedürfnisse nicht erfüllt werden, fühlt sich die Person unterlegen, schwach, hilflos und wertlos.

Viele Biografien zeigen: Oft ist ein Absturz auf Stufe 1 von Nöten, um danach zu sich finden zu können.

Ich-Entwicklung: Maslow beschreibt Selbstverwirklichung als das Bedürfnis einer Person, das zu sein und zu tun, wozu sie geboren wurde. Es ist seine Berufung: »[...], d.h., man spürt in sich selbst einen Drang in Richtung auf die Einheit der Persönlichkeit zu, der spontanen Expressivität, der vollen Individualität und Identität« (Maslow, 1985).

Wenn diese Bedürfnisse nicht eingelöst werden, fühlt sich die Person rastlos, angespannt, mit dem Gefühl, dass etwas fehlt. Niedere Bedürfnisse mögen ebenfalls ein rastloses Gefühl hervorrufen, aber hier ist es viel einfacher, den Grund zu finden.[2]

Nina & Biscaya – 2003

Mancher mag es als Selbstverwirklichung empfinden, wenn er in einer nach außen erfolgreichen Rolle verharrt. Aber wie viele wunderbare Erfahrungen kann das Leben uns nicht bescheren, weil wir in unseren eigenen, selbst erschaffenen Gefängnissen verbleiben? Ursächlich hierfür ist unsere Urangst, nicht versorgt zu sein. Wir kompensieren die Angst durch

[2] Maslow AH [1962] (1985) Psychologie des Seins. Ein Entwurf. Frankfurt/M., Fischer

das Anhäufen von materiellen Gütern. Wie viele halten das Materielle für das Einzige, das Bestand hat, was Sicherheit bietet, was uns einen Wert gibt. Nicht sehend, dass die Materie uns allzu oft beherrscht, uns einschränkt, uns unfrei macht. Das Materielle bestimmt uns, bringt uns permanent in Zugzwänge, lässt uns vom agierenden zum reagierenden Part in unserem Leben werden. Welche Mühe, Stress, Unsicherheit, Ängste und Sorgen verschaffen uns Immobilien, Aktienpakete, etc. Materie ist nichts Beständiges, Sicheres, das ist eine Illusion. Eigentlich ist zum Beispiel Geld reine Energie, nur dazu geschaffen, etwas zu bewegen. Jede Erstarrung bedeutet Tod des Lebens. Geld, das nicht arbeitet, ist fiktiv, eine Illusion, die an Wert verliert.

Solange es funktioniert, dürfen wir uns auch selber etwas vormachen.

Es ist von entscheidender Bedeutung, in welchem Bedürfnisbereich ich mein Pferd ansiedele. Ist es für mich Materie, Besitz, Status? Ist es Mittel, um mir Prestige, soziales Ansehen in Form von sportlichen Erfolgen oder Abstammungstafeln zu verschaffen?

Bewege ich mich mit dem Pferd im Bereich der sozialen Anerkennung? Ist das Pferd Teil meiner selbst gewählten Rolle, wichtig für mein Ego? Dann habe ich mich dafür entschieden, das Pferd für mich zu nutzen. Es soll mir dienlich sein, wobei seine Interessen meinen Nutzungsabsichten unterzuordnen sind. Ich werde mich im Zweifelsfall über die Bedürfnisse des Pferdes hinwegsetzen müssen, um meine eigenen Bedürfnisse befriedigen zu können.

Ein gigantischer Business-Apparat instrumentalisiert weltweit das Pferd zu dieser Bedürfnisbefriedigung. Das Pferd erhält dabei die gesellschaftliche Funktion eines Sportwagens, eines Motorrades, eines repräsentativen Bootes, eines Schmuckstücks, eines Pelzmantels! Das Pferd ist aber ein sensibles, hoch entwickeltes Lebewesen, das intuitiv feinste Schwingungen sogar über eine große Distanz wahrnehmen kann. Ein Pferd spürt es augenblicklich, wenn eine wenige Gramm schwere Fliege sich auf seinen Körper setzt und verscheucht diese durch ein Muskelzittern oder mit dem Schweif. Ein Pferd spürt augenblicklich die Freude, das Glück, aber auch die Niedergeschlagenheit und die Krankheit seines Menschen. Die Bedürfnisse des Pferdes, sich auszuleben und zu ernähren, werden oft übersehen. Das Pferd wird vermenschlicht, verhätschelt, malträtiert, vergewaltigt, und das oftmals, um ein bei uns vielleicht unbewusst vorhandenes Ego-Problem zu kompensieren.

Business benutzt Pferde. Business benutzt Menschen.

Eine andere Möglichkeit ist es, auf der Ebene der Selbstverwirklichung mit dem Pferd umzugehen. Hier müssen wir nichts beweisen, nichts vorführen, nicht kämpfen, nicht gewinnen, wir müssen nicht besser, größer, schneller, weiter sein. Hier dürfen wir SEIN.

Wir dürfen fühlen, in uns hineinhorchen, dort die Antworten auf unsere Fragen finden und ihnen auch vertrauen, um sie dann harmonisch und in Kooperation mit dem Pferd auszuleben. Das ist der Pferdisch Weg.

Es ist ein schöner Weg, ein einfacher Weg, ohne Stress und Leistungsdruck. Es ist ein Weg, der uns an die Empfindungen zurückführt, die wir ursprünglich als Kinder hatten, als wir es noch nicht gelernt hatten, dass wir besser sein mussten als andere.

Wo viel Licht ist, ist immer auch viel Schatten.

Etwas ist ganz wichtig, um es gleich zu Anfang sehr deutlich zu sagen: Es gibt ganz unglaublich viele Missstände im Umgang mit Pferden. Wir haben in verschiedenen Teilen der Welt mit Pferden arbeiten dürfen. Mit Menschen, die zum Teil von Kind an mit Pferden groß geworden sind und ihr Leben mit ihnen verbracht haben. Wir selber leben mit unseren Pferden gegenwärtig in Warendorf, einem der reiterlichen Zentren Deutschlands. Hier sind das Deutsche Olympiade Komitee für Reiterei (DOKR), die Deutsche Reiterliche Vereinigung (FN) und die deutsche Reitschule ansässig. Hier und anderswo haben wir viel Gutes und viel Schlechtes gesehen. Auch wir selber haben in der Rückschau so ziemlich alle Fehler mit Pferden gemacht, die möglich sind. Wenn wir heute hingehen und Umstände, Verhaltensweisen, Gebräuche und Methoden beleuchten, empfehlen oder verwerfen, so tun wir das ganz sicher nicht mit dem Ziel, jemandem persönlich oder einer Institution zu Nahe zu treten oder sie anzuprangern.

Aus eigener Erfahrung wissen wir auch, dass Gewalt dort anfängt, wo das Wissen und Können aufhört, wo Alternativen im Umgang mit Pferden fehlen.

Wir werden bestehende Missstände beim Namen nennen, offen und rückhaltlos. Aber wir werden dies nicht tun, ohne zugleich zu sagen bzw. zu zeigen, wie man es besser machen kann. Wir möchten Alternativen aufzeigen, die jeder nachvollziehen, erlernen und umsetzen kann. Dazu muss man kein Pferdeflüsterer sein.

Wir haben gelernt, das Gesicht und die Körpersprache des Pferdes zu lesen und zu verstehen. Wer das einmal gelernt hat, der kann danach nicht mehr wegschauen, wenn ein Pferd sich unwohl fühlt oder leidet. Er kann nicht mehr so tun, als wüsste er nichts davon.

Erst, wenn wir gelernt haben, zu uns zu stehen, wird das Leben klar und einfach.

Dennoch geht es hier nicht um besser oder schlechter sein, um gut oder böse. Es geht nur um Wahrnehmung, um Ehrlichkeit, um Lernen, um den Willen, sich weiterzuentwickeln.

Es mag sein, dass wir Revolutionäre sind. Aber wir sind es nicht alleine. Mit uns geben viele Pferdehalter täglich alles, um ihrem Pferdefreund sein Dasein so schön wie möglich zu gestalten. Wir sind davon überzeugt, dass die meisten Menschen mit ihren Pferden in den besten Absichten umgehen. Dennoch sind die Verhältnisse zwischen Pferd und Mensch oft ungeklärt. Es kommt zu vielen Missverständnissen und Übergriffen beiderseits. Die Menschen haben es einfach nicht anders gelernt und können es folglich auch nicht anders an ihre Schüler weitergeben. Auch wir haben das Gefühl der Ohnmacht kennen gelernt, wenn nichts mehr klappen mag, und man nur noch Druck und Gewalt sieht, um sein momentanes Ziel zu erreichen. Wir versuchen über die Pferde ihre Menschen zu erreichen, um diesen eine Idee zu geben, wie sie etwas verändern könnten. Uns ist bewusst, dass WIR niemanden verändern können.

Aber jeder von uns kann jederzeit anfangen zu wandeln. Er kann sich verändern, sich entwickeln, wachsen, Mensch werden. Im gleichen Moment wird sich das Verhalten seines Pferdes verändern.

Wir legen Samenkörner. Und diese Samenkörner gehen bereits an vielen verschiedenen Orten in der Welt auf und tragen wundervolle Früchte. Unser Weg ist kein kämpferischer, spektakulärer.

Wer aufhört zu kämpfen, muss nie mehr besser sein.

Wir haben aufgehört zu kämpfen. Wir kämpfen nicht mehr mit Pferden und auch nicht mit Menschen, Institutionen, Verbänden oder Medien. Wir beweisen uns nicht und müssen uns mit niemandem messen oder besser sein.

Unser Weg ist freundlich, liebevoll und sanft, so wie Pferdisch.

Auch in unserem eigenen Leben kommt alles jederzeit auf den Prüfstand, wirklich alles. Nichts ist unveränderbar oder unumstößlich. Wir sind immer bereit, Gutes durch Besseres zu ersetzen. Wir sind immer bereit und offen, hinzuzulernen und zu wachsen. Und nur so kann es sein: kein Status, niemals fertig sein. Der Weg ist das Ziel.
Alle Aufgaben, die das Leben uns stellt, werden sich so lange immer wiederholen, bis wir sie gelöst haben. Wie viele Pferdebesitzer hatten Probleme mit ihrem Pferd, haben es schließlich verkauft und hatten mit dem nächsten Pferd (dem nächsten Partner, der nächsten Ehe) die gleichen Probleme wieder, nur zeitversetzt? Wir sind davon überzeugt, dass jeder sein Pferd nicht etwa zufällig hat. Unter diesem Gesichtspunkt muss man sich fragen, was es einem beispielsweise bringt, sein Pferd ins Training zu geben, ohne gleichzeitig mitzulernen?

Eine ständige Abhängigkeit zu dem Trainer/Lehrer wird kreiert, mehr nicht. Manche Lehren haben einen hohen Preis.

Die jeweiligen Erfahrungen, die der Einzelne mit seinem Pferd macht, lassen sich sehr leicht auf andere Bereiche im Leben übertragen. Wer beispielsweise dazu neigt, seinem Pferd seinen Willen aufzuzwingen, weil er physisch stark und mental durchsetzungsfähig ist, der wird dieses Verhaltensmuster auch in anderen Lebensbereichen, zum Beispiel in seiner Partnerschaft ausleben. Wer es dagegen nicht gelernt hat, Grenzen zu setzen und einzufordern, wer ängstlich ist oder zu rücksichtsvoll, wer die Interessen des Pferdes in den Vordergrund rückt und es nicht gelernt hat, die Befriedigung seiner Bedürfnisse einzufordern, der wird nicht nur von seinem Pferd untergebuttert, sondern oft auch von Partner, Eltern oder Arbeitskollegen.

Wir sind, was wir durchsetzen wollen, und zwar überall.

Die Muster wiederholen sich und ähneln einem Teufelskreis, aus dem auszusteigen uns sehr schwer fällt. Mit Hilfe unserer Pferde können wir diese Verhaltensmuster erkennen, können lernen diese zu verändern und die neuen, besseren und erwünschten Verhaltensweisen gleichzeitig üben, bis wir sie soweit verinnerlicht haben, dass sie ein Teil von uns geworden sind. Wir müssen uns dessen bewusst sein, dass wir von Kind an gelernt haben, dass Kampf zum Überleben erforderlich ist. Wir haben gelernt, entsprechend den uns gegebenen Möglichkeiten zu kämpfen und zu siegen: Entweder mit Gewalt, Druck, direkter Machtausübung und der Drohung damit, oder aber mit den subtileren passiven Mitteln, indem wir uns verletzt, beleidigt, gekränkt geben und dem Gegenüber Schuldgefühle und ein schlechtes Gewissen verschaffen. Wir erreichen unsere Ziele, indem wir Druck machen oder uns einschmeicheln und einkaufen. Wir müssen uns immer wieder verdeutlichen, dass wir dazu neigen, das, was wir mit den Pferden machen, auch mit den Menschen in unserem Umfeld zu praktizieren.

Pferde sind unsere Chance.

Neben den beschriebenen Möglichkeiten, die Pferde als Spiegel zum Zweck unseres persönlichen Wachstums zu sehen, stehen diese edlen Tiere für das Schöne in unserem Leben. Wir müssen lange suchen, bis wir einen Menschen finden, der so wie unser Pferd in der Lage ist, unsere jeweilige Verfassung, Stimmung, Laune und körperliche Befindlichkeit intuitiv zu erfassen und uns jeweils so anzunehmen, wie wir sind. Ein Pferd ist in der Lage, uns mit seiner Wärme und seinem Vertrauen ein unglaubliches Geborgenheitsgefühl zu vermitteln. Es ist ein geduldiger und hingebungsvoller Partner.

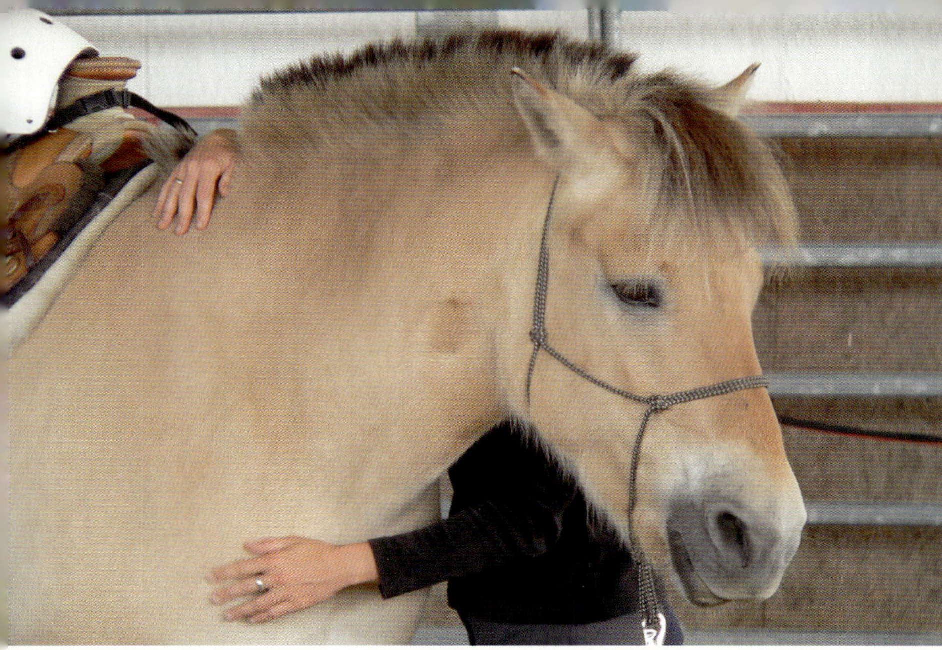

Anja & Toni – 2006

Wer jemals die Kraft unter sich gespürt hat, mit der uns das Pferd in einem lockeren und geschmeidig ausgesessenen Galopp sicher durch unwegsamstes Gelände bergauf und bergab schweben lässt, wie es von sich aus mit untrüglichem Instinkt jedem Hindernis geschickt ausweicht, wenn wir es nur lassen, wie sein Rücken hingebungsvoll unter uns schwingt, wenn wir seine Bewegung nicht begrenzen und einschränken, wie die Bewegung von Reiter und Pferd schließlich zu einer Einheit verschmelzen, als handele es sich um einen einzigen Körper, wie der Gedanke des Reiters und ein leichtes Hinwenden eine Richtungsänderung bewirkt, der begreift, dass man sich der Faszination der Pferde nicht mehr entziehen kann. Es ist ein edler Weg, sich ohne Zwang und Druck der ungebremsten Bewegung des noblen Pferdekörpers anzuvertrauen, darauf vertrauend, dass feinste Hilfen jederzeit eine Richtungsänderung herbeiführen oder aber das Bewegungstempo dieses schönen, vor Kraft strotzenden Körpers reduzieren können.

Erst wenn wir das Pferd unter uns wirklich in Einklang und Harmonie und ohne jedes Angstgefühl laufen lassen können, sind wir in der Lage, die Freiheit und das Glücksgefühl zu spüren, von dem wir geträumt haben, als wir anfingen zu reiten und das wir dann später zu oft als mühsame Schinderei erleben mussten.

Als eine erprobte Entwicklungsmöglichkeit gibt es den Pferdisch Weg, vorausgesetzt wir sind bereit zu wachsen, uns zu öffnen und das Pferd als gleichwertigen Partner zu sehen. Es ist vergleichbar mit dem Freiheits- und Glücksgefühl, das wir empfinden, wenn wir es schaffen, loszulassen und mit dem Leben zu fließen.

Erst das Loslassen bringt uns in Verbindung mit allem anderen.

Was ist Hierarchie? – Einblick in die Pferdeherde

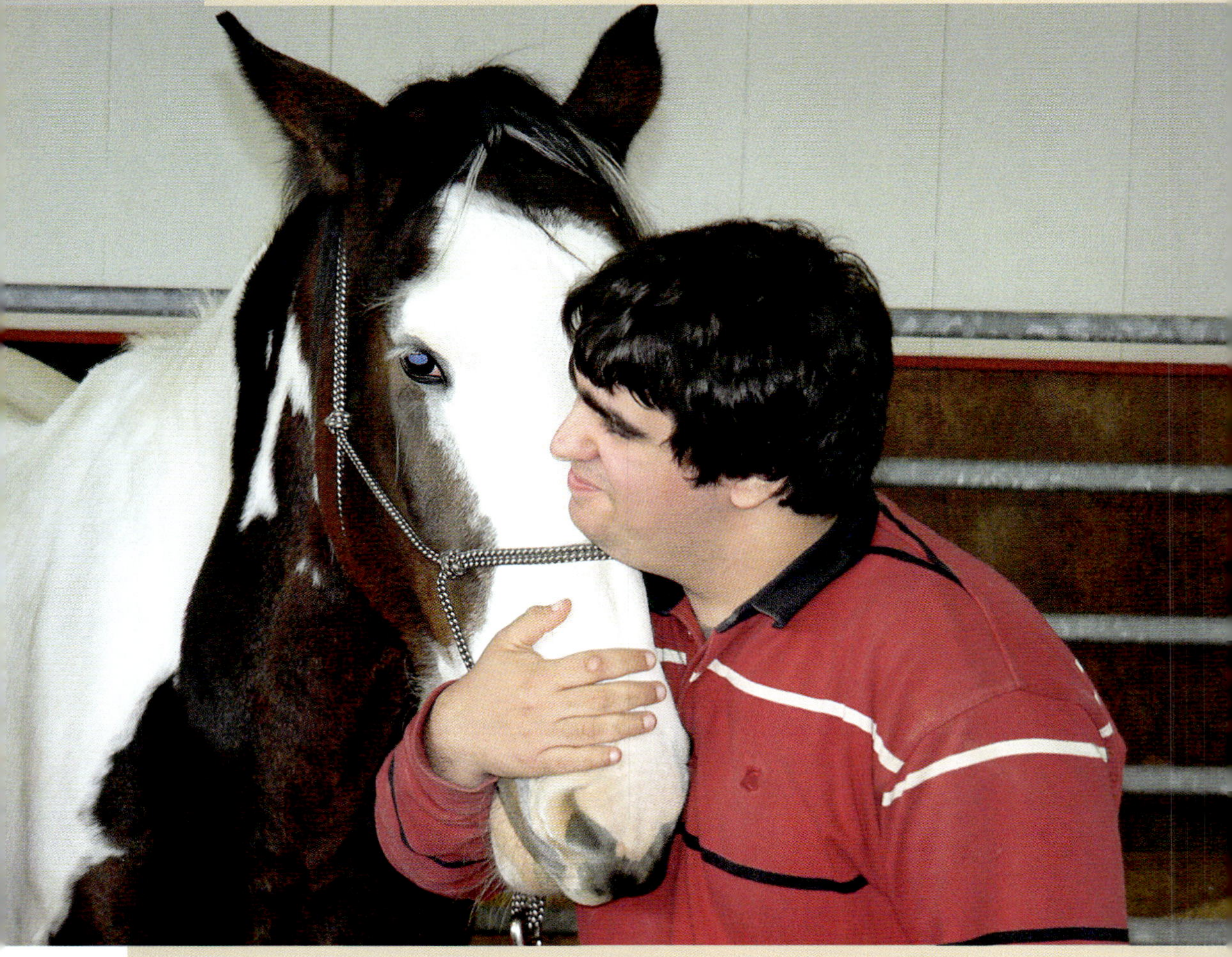

Der Begriff Hierarchie[3] beschreibt Kennzeichen unserer menschlichen Gesellschaft und ist so auf die natürliche Pferdeherde mit ihren Rangordnungsstrukturen absolut nicht übertragbar. In der menschlichen Gesellschaft werden die Motive und Beweggründe für unser Handeln überwiegend von unserem Ego bestimmt. Unser Ego möchte bedeutsam sein, berühmt, möchte geachtet und geschätzt werden und ist permanent an einem *Höher*, *Schneller* und *Weiter* interessiert. Aus Sicht unseres Egos ist Stillstand dabei bereits Rückgang. Den wenigsten Menschen ist dabei bewusst, dass wir ein Ego HABEN, ebenso wie wir einen logischen Verstand, ein Gedächtnis oder ein Auto HABEN.

Die Hierarchie ist der Feind der Freiheit.

Unser Ego ist keineswegs etwas Schlechtes. Nur wenn es die Oberhand über uns gewinnt und uns steuert, halten wir die perfekte Anleitung zum permanenten Unglücklichsein in den Händen. Jeder von uns ist sich dessen bewusst, dass Macht und Geld den Charakter *verderben* können. Niemand wird ernsthaft von sich behaupten wollen, dass, wenn er entsprechende Macht in den Händen hielte, er gegen jeglichen Missbrauch gefeit wäre. Die menschlichen Hierarchien haben so schreckliche Erscheinungsformen, Verhaltensweisen und Gemeinheiten hervorgebracht, wie es sie in der ganzen Natur kein zweites Mal gibt. Beispielhaft möchten wir hier nur an die Auswüchse des Nationalsozialismus erinnern, ein perfekt hierarchisch durchstrukturiertes Horrorsystem. Der menschlichen Hierarchie wohnt keine natürliche Struktur inne.

Ihre Führer sind von den Hierarchie-Mitgliedern zumeist nicht anerkannt, nicht einmal akzeptiert. Sie wurden über die Stufen der Hierarchie hoch befördert, bis sie sich schließlich in einem Bereich als unfähig erwiesen haben. Dort bleiben sie dann. Das ist nicht etwa komisch, sondern tragisch. In allen menschlichen Hierarchien kann man dieses Phänomen beobachten (vgl. hierzu das *Peter-Prinzip* von Peter und Hull[4]).
Wer aber auf der Stufe der Unfähigkeit angekommen ist, lebt in ständiger Angst. Jeder, der leistungsfähig und -bereit ist, jeder, der kreativ ist, muss für so jemanden eine extreme Bedrohung sein. Der Unfähige wird sich also zu seinem Schutz mit anderen Unfähigen verbünden. Er wird sich abschirmen und wird seinen Machtbereich zu manifestieren suchen.
Diese Struktur zieht sich von unten nach oben durch die gesamte Hierarchie. Ein perfektes System der Starre, der Angst, der Unflexibilität, der Stagnation. Nichts scheut die Hierarchie mehr, als Kooperation und Transparenz. Es ist nicht schwer nachzuvollziehen, dass diese Struktur sich gegen den Menschen richtet, gegen Weiterentwicklung, gegen Kreativität, gegen Veränderung. Diese Struktur macht definitiv krank, und zwar sowohl die Unfähigen als auch die, die von ihnen begrenzt werden.

Die Hierarchie macht krank, Täter und Opfer.

[3] griech. hierarchia = Priesteramt; hier¢s = heilig, gottgeweiht; rchein = der erste sein, Führer sein; Reihenfolge, Rangordnung
[4] Laurence J. Peter und Raymond Hull – Das Peter-Prinzip, rororo 1970

Der wesentliche Unterschied zu der mit einer Rangordnung strukturierten Pferdeherde besteht darin, dass es zum einen eine natürliche, gesunde Rangordnung ist, die von allen Mitgliedern der Herde akzeptiert wird und dass zum anderen die Mitglieder dieser Rangordnung kein Ego besitzen.
Die praktische Folge davon ist, dass jedes Mitglied der Pferdeherde mit seinem angestammten Platz in der Rangordnung glücklich und zufrieden ist, keine Aufstiegsabsichten hegt, es sei denn, ein vermeintlich Ranghöherer erweist sich tatsächlich aufgrund seines Verhaltens als rangniedriger.

Wir wollen uns die Herdenstruktur einmal näher anschauen, denn das Verstehen dieser Struktur ist wichtig, um mit Pferden angemessen umgehen zu können!

Voraussetzung für das natürliche Herdenverhalten von Pferden ist, dass die Pferdeherde ihren Ansprüchen entsprechend artgerecht leben kann. D.h., dass die Tiere in einer Herdenstruktur leben, die nicht ständig durch menschliches Einwirken verändert wird, dass entsprechend Platz, Futter und Wasser für alle vorhanden ist und die Herdenstruktur auch natürlichen Verhältnissen entspricht, dass zum Beispiel nicht drei Hengste mit einer Stute zusammen laufen. Es muss hier erwähnt werden, dass ständige Frustration, Aggression und letztlich Krankheit die Folge sind, wenn diese Gegebenheiten auf Dauer nicht vorliegen.

Die Rangordnung ist von allen Mitgliedern der Herde anerkannt.

In der natürlichen Pferdeherde gibt es keine zwei Tiere, die in der Rangordnung nebeneinander stehen. In einem solchen Fall würden sie so lange versuchen herauszufinden, wer ranghöher ist als der andere, bis dieses Verhältnis geklärt ist. Praktisch geschieht dieses Herausfinden ähnlich wie bei uns Menschen. Die Ranghohen schicken sich bei Missstimmigkeiten über ihren Rechtsanwalt eine Note, die Rangniederen prügeln sich wie die Hooligans in einem Fußballstadion. Auf die Pferde übertragen heißt das: Ein ranghohes Pferd wird etwa an der Wasserstelle oder an der Futterstelle ein Ohr in Richtung Kontrahent drehen oder maximal die Hüfte leicht in seine Richtung wenden.

Unsere Herde – 2004

Das rangniedere Tier weiß diese Signale augenblicklich zu deuten, da es die Signale und seine Folgen bei Nichtbeachten gelernt hat. Rangniedere Tiere

Unsere Herde – 2003

dagegen plustern sich mit imposanten Gebärden wie Steigen, einen Kragen machen, rückwärts auf den Kontrahenten zugehen, Ohren anlegen, Beißen und Keilen auf. Oft kommt es dabei zu erheblichen körperlichen Verletzungen, wobei das unterlegene Pferd sich trollt und ohne Rachegelüste seiner Wege geht und den ihm zugewiesenen Platz in der Rangordnung einnimmt. Das überlegene Tier wird niemals auf die Idee kommen, noch einmal nachzutreten oder das weichende Tier zu verfolgen.

Wie kommt es, dass auch rangniedere Tiere mit ihrer Position glücklich und zufrieden sind? Dazu müssen wir uns anschauen, wie die Herde geführt wird. Das Leittier der Herde ist eine Stute, die so genannte Leitstute. Bei ihr handelt es sich um ein meist älteres und erfahrenes Pferd, meistens nicht sehr stark und prächtig und auch vom Ernährungszustand und dem Zustand des Fells eher gegenüber den anderen Tieren der Herde zurückgeblieben. Leitstute wird die Stute, die also einerseits über genügend Erfahrung verfügt, um die Herde führen zu können, anderseits aber auch willens und in der Lage ist, ihre individuellen Interessen wie Saufen, Fressen und Ruhen hinter den Interessen zur Erhaltung und Gesundheit der Herde zurückzustellen.

Die Leitstute ist erfahren und bereit, ihre eigenen Interessen hinter denen der Herde zurückzustellen.

Während die anderen Tiere also fressen oder ruhen, wird die Leitstute in erster Linie die Herde, insbesondere die Jungtiere, bewachen und beschützen. Erst wenn die Herde versorgt ist, wird die Stute an sich selber denken. Jeder mag den Unterschied zu den menschlichen Führern in unserer Hierarchie beleuchten. Man kann klar erkennen, dass mit einem hohen Platz in der Rangordnung auch mehr Aufgaben und Verantwortung, ein eher unbequemeres Leben verbunden sind.

Infolge dessen lebt ein rangniederes Pferd bequem und sicher, da es weitgehend von diesen Aufgaben ausgenommen ist.

Eine weitere Position in der Pferdeherde gilt es zu beleuchten, und zwar die des Leithengstes. Er hat die Funktion, die Herde von hinten zu treiben, sie zusammenzuhalten, zurückgebliebene Tiere abzuschirmen und gegebenenfalls gegen Feinde und Eindringlinge zu verteidigen. Während die Leitstute gewissermaßen das mütterliche Prinzip verkörpert, die Herdenmitglieder führt, schützt und ihnen die Wege ins Ungewisse sichert, verkörpert der Leithengst das väterliche, treibende, motivierende Prinzip. Er ist es, der die heranwachsenden Jungtiere schließlich antreibt, ihr Selbstbewusstsein und ihren Mut zu entwickeln, um eigene Wege zu suchen und zu begehen.

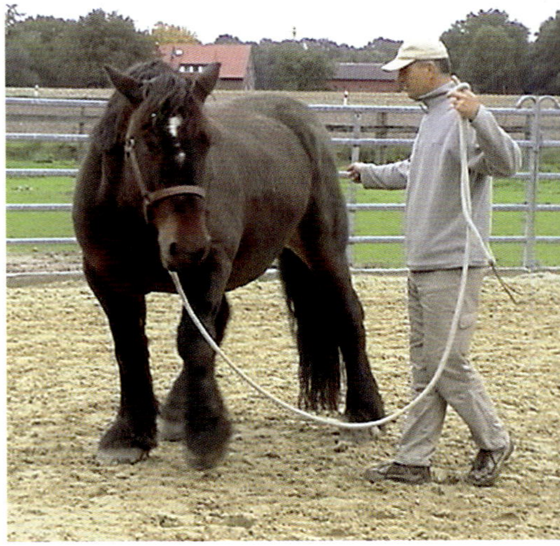
Friedhelm & Celina – 2003

Dieses Verständnis ist für jeden Menschen, der mit Pferden umgehen will, insbesondere wenn er junge Pferde schulen und erziehen will, die Basis für ein gegenseitiges Verstehen und Akzeptieren.

Leitstute und Leithengst vermitteln Sicherheit und Selbstsicherheit.

Der Mensch sollte im Umgang mit Pferden beide Funktionen übernehmen können, die der Leitstute und die des Leithengstes. Der Mensch wendet im Umgang mit Pferden je nach Situation entweder die Körpersprache der Leitstute oder die des Leithengstes an, um das Pferd artgerecht zu veranlassen, ihm entweder zu folgen oder aber zu weichen.

Beide Prinzipien, das

FOLGEN,
das Herausbilden des Vertrauens

wie das

WEICHEN,
nämlich die Begründung eines Respektverhältnisses

sind Grundlage eines gedeihlichen Miteinanders zwischen Mensch und Pferd. Es ist ein schmaler Grad zwischen Vertrauen und dem Respekt eines Pferdes uns gegenüber, den wir zunächst erst mal erreichen und dann lebenslang erhalten müssen. Die Balance zwischen Respekt und Vertrauen zu erkennen, herzustellen, zu erhalten bzw. zu korrigieren ist das Schwierigste, was es im Umgang mit Pferden überhaupt gibt. Zu erkennen, wie viel Konsequenz und Aktion nötig und wie wenig Aktion dagegen möglich ist, das ist die ständige Herausforderung im

Umgang mit Pferden, wobei gleich einem elektronischen Regelkreis immer wieder nachgesteuert werden muss. Dazu ist man nur in der Lage, wenn man einerseits die Körpersprache der Pferde lesen und sprechen kann und permanent mit seiner Konzentration im *Hier* und *Jetzt* (beim Pferd) ist.

Wer führen will, muss einen sicheren Rahmen setzen.

Die nächste Frage, die sich daraus ergibt, ist, wo wir als Mensch uns bezüglich der Rangordnung befinden und wo wir uns gegebenenfalls befinden sollten, um ein Pferd gefahrlos und zu beiderseitiger Zufriedenheit händeln zu können. Hier ist wieder zu unterscheiden, mit welcher Motivation wir an das Pferd herangehen, denn das Pferd ist mit untrüglichem Instinkt in der Lage, diese Motivation zu ergründen. Jeder Versuch, sein Pferd über die wahren Absichten hinwegzutäuschen, wird misslingen. Ein Pferd spürt sofort, wenn wir es fangen wollen. Ein Pferd spürt auch, wenn wir uns mit ihm profilieren wollen. Ein Pferd spürt unsere Nervosität, unsere Unsicherheit, unsere Ängste. Und wenn jemand mit einem Pferd umgehen möchte, der aus der Sicht des Pferdes rangniedriger ist, dem wird das Pferd in der Regel entweder nicht vertrauen oder aber es wird keinen Respekt vor ihm haben, auf jeden Fall wird es lieber selber für sich die Verantwortung übernehmen, als sich in die Obhut dieses Menschen zu begeben.

Wenn nun der Mensch hergeht und dem Pferd seinen Willen aufzwingt, sei es durch technische Hilfsmittel, sei es durch das Einschmeicheln mit Leckerli oder sei es, dass er das Pferd permanent in einem Angstzustand hält, weil er sich unberechenbar zeigt, ist ein gedeihliches Miteinander und eine freudige, motivierte und gesunde Mitarbeit des Pferdes ausgeschlossen. Wer sich einmal die Mühe macht, die Pferde von Turnierreitern aller Art unter die Lupe zu nehmen, der wird verstehen, was wir zum Ausdruck bringen möchten. In den meisten Fällen sieht man zwei angespannte Körper. Keine Leichtigkeit, kein Schwingen, kein Ausdruck von Freiheit. Die Reiter drücken oft Angespanntheit, Verkrampftheit, Verbissenheit aus. Natürlich trifft das nicht für alle Reiter und Pferde zu. In allen Genres gibt es Reiter/Pferdeleute, die mit weicher Hand und geschmeidigem Sitz sich in ihr Pferd einfühlen und durchaus beurteilen können, was sie sich und dem Pferd jeweils zumuten können. Aber diese Reiter/Pferdeleute sind die Ausnahme.

Jeder, der den Weg der Turniere und Shows gegangen ist, ihn für sich persönlich als Sackgasse erfahren hat und nun nach neuen Wegen sucht, um mit seinem Pferd glücklich zu werden, der wird bei uns alle Unterstützung finden, um diesen Weg zu gehen. Nach unserer Überzeugung gibt es keinen anderen Weg, um gedeihlich und fein, also auf *Pferdisch* mit Pferden umzugehen, als uns unseren Platz in der Rangordnung zu erarbeiten, und zwar in der Rangordnung der Pferde. Bedeutsam ist dabei, dass wir uns nicht ständig wie ein ranghohes Pferd verhalten müssen.

Wir müssen uns eine ranghohe Position gegenüber dem Pferd verdienen.

Silke & Fjödor – 2006

Auch müssen wir nicht ständig den Respekt und das Vertrauen unseres Pferdes abfragen.

Respekt und Vertrauen bedeutet, dass diese auf Gegenseitigkeit beruhen.

Wenn wir das Pferd als gleichwertiges Wesen respektieren und ihm Vertrauen schenken, dann spürt das Pferd dieses, und es ist kein Kampf mehr nötig, um es zu einem von uns gewünschten Verhalten zu veranlassen. Vielmehr reichen nun feinste Signale, und es wird wahrlich kooperativ unseren Wünschen nachkommen. Man kann das mit der Versammlung des Pferdes vergleichen: Wer sein Pferd ständig in eine versammelte Haltung zwingt, wird, wenn er in seinen Bemühungen nachlässt, lediglich bewirken, dass das Pferd völlig auseinander fällt. Wer das Pferd dagegen ständig in der Balance erhält, wird, wenn er die Versammlung für eine Lektion benötig, erleben, dass das Pferd von sich aus, also am losen Zügel die versammelte Haltung einnimmt, und zwar so majestätisch schön, dass die gewünschte Lektion spielerisch und wie von selbst gelingt, ohne jeden Zwang und Stress.

Was ist aber, wenn wir das Pferd benutzen, um unserem Status, unserem Ego, unserem gesellschaftlichen Ansehen Ausdruck zu verleihen? In diesem Fall ist das Pferd keine gleichwertige Kreatur mehr, die sich kooperativ verhalten wird, aufmerksam und bereit, jeden unserer Wünsche zuvorkommend zu erfüllen. Jetzt ist das Pferd vielmehr ein dominiertes Wesen, welches sich gehorsam den Bedürfnissen des Reiters unterordnet. Natürlich ist das möglich. Es sind hohe Anforderungen an das Können und das Wissen des Reiters zu stellen, damit es in diesem Verhältnis zwischen Reiter und Pferd nicht permanent zu Missverständnissen und Kämpfen kommt.

Wir wollen nun die verschiedenen Möglichkeiten der Rangordnung zwischen Mensch und Pferd einmal durchspielen:

Hierbei kann vorausgeschickt werden, dass jeder Mensch sich in jedem Augenblick dessen bewusst ist, ob sein Pferd ihm überlegen ist oder nicht. Ebenso wird jedes Pferd das jederzeit mit untrügerischem Instinkt spüren.

Der Mensch ist rangniederer als das Pferd.

Wir denken, dass die normale Reaktion des Menschen gegenüber einem überlegenen Pferd Angst ist. Angst, die möglicherweise durch Techniken oder Verhaltensweisen kaschiert wird, die aber da ist und vom Pferd registriert wird. Das Pferd wird zu diesem schwächeren Menschen in kritischen Situationen kein Vertrauen haben und für sich selber die Verantwortung übernehmen. Außerdem verliert es den Respekt vor dem Reiter. Es wird selbstständige Aktionen durchführen, die den Reiter überraschen und ihm wieder Angst machen. Dabei kann es zu gefährlichen

Rangniederer sein heißt nicht schlechter sein.

Gaby & Philippo – 2003

Situationen kommen. Hier entwickelt sich ein Teufelskreis, der oft für den Reiter schlimme Erlebnisse oder sogar Unfälle bewirkt. Die Folge ist: noch mehr Angst. Die Angst ruft Verkrampfungen und Blockaden hervor, die die Situation zuspitzen.

Es soll hier noch einmal erwähnt werden, dass viele Reiter auf hoch spezialisierten Sportpferden sitzen, die viel Blut haben und zudem nicht angemessen gefüttert und gehalten werden. Sehr viele Pferde bekommen ständig zu viel Kraftfutter und erleben Bewegungsarmut. Außerdem fehlt der Sozialkontakt zu Artgenossen. Viele dieser Reiter sind sich, obwohl sie ein ungutes Gefühl haben, nicht wirklich bewusst, auf was für Pulverfässern sie sitzen.

Mensch und Pferd sind ranggleich.

Ein Blick zurück in die Pferdeherde, in der es keine zwei Tiere gibt, die gleichrangig sind, gibt die Antwort darauf, was nun passiert: Ständiger Kampf wird die Folge sein. Nach längerer Zeit ungedeihlichen Miteinanders arrangieren sich solche Pferd/Reiter Kombinationen in der Regel. Damit ist gemeint, dass beide sich aufeinander zu bewegen und ein Durcheinander von Geben und Nehmen kreieren. Dann galoppiert das Pferd zwar auf der rechten Hand sauber an, aber halt nur auf der Rechten. Oder

Bisquit – 2004

das Pferd springt den Galoppwechsel, aber nur manchmal. Oder das Pferd geht in der Gruppe im Gelände, aber nur vorne an der ersten Position, und so weiter.

Unklare Verhältnisse sind Ursprung ständiger Konflikte.

Die Gefahr bei dieser Konstellation ist, dass das Pferd im Zuge der ständigen Rangeleien und Machtkämpfe schließlich nicht nur den Respekt vor, sondern auch das Vertrauen zu dem Reiter verliert. Solche Pferde werden dann immer wieder durch stärkere Reiter (Trainer/Lehrer) korrigiert und vergrößern somit ständig ihr Verhaltensrepertoire, um sich den Hilfen schwächerer Reiter zu entziehen. Es ist eine mühevolle, langwierige und unschöne Aufgabe, solche Pferde zu korrigieren und in ihren angemessen Rangordnungsplatz zurückzubringen. Manchmal sind solche Pferde durch Menschenhand zu wahren Terroristen erzogen worden.

Der Mensch ist ranghöher als das Pferd.

Der Mensch benimmt sich wie ein ranghohes Pferd und wird von dem Pferd auch als ranghöher akzeptiert und respektiert. In der Praxis bedeutet das nun, dass der Mensch immer wieder seine Dominanz nachweisen muss, denn das Pferd, was das von ihm Verlangte oftmals nicht tun möchte, wird immer wieder antesten, ob der Mensch auch wirklich ranghöher ist.

Nur wenige Menschen sind von Natur aus eine Autorität.

Hat der Reiter die entsprechende Autorität, wird das Pferd seinen Wünschen nachkommen. Es ist ein relativ gedeihliches Miteinander möglich. Ist das Pferd mental und physisch ausgeglichen, und der Reiter überfordert es nicht, ist sogar ein sehr harmonisches Miteinander möglich. Diese Konstellation ist beispielsweise bei einigen erfolgreichen Sportreitern und ihren Pferden gegeben. Voraussetzung ist aber, um es nochmals zu betonen, dass der Reiter ständig in der Lage ist, dem Pferd seine ranghöhere Position zu beweisen. Er muss physisch und mental permanent seine Autorität dokumentieren. Dann wird das Pferd ihn respektieren und ihm vertrauen.

Der Mensch ist ranghöher als das Pferd und gebraucht Gewalt.

Die entscheidende Frage, die sich hier stellt, ist: Was ist Gewalt? Lange Jahre Erfahrung haben uns zu der Überzeugung gebracht, dass weder Regelwerke der Verbände definieren können, was Gewalt ist, noch etwaige Ethiker.
Die Einzigen, die darüber entscheiden können, sind die Pferde selber. Es ist schwer, hier eine allgemein gültige Definition vorzunehmen.

An einem Sieges-gefühl können wir erkennen, dass wir gekämpft haben.

Aber immer, wenn Druck gemacht wird, ohne dass das Pferd eine adäquate Ausweichmöglichkeit hat, dürfte das Pferd das als Gewalt empfinden. Einen Menschen, den das Pferd als ranghöher empfindet und der solcherlei Druck ausübt, wird das Pferd als Feind ansehen. Je nach Charakter wird es gegen ihn kämpfen oder sich ihm entziehen, auf jeden Fall aber Angst vor ihm haben. Es ist praktisch die umgekehrte Situation der ersten Konstellation, wenn das Pferd ranghöher als der Mensch ist. Dies wird garantiert nicht zu einem gedeihlichen Miteinander führen.

Es gibt noch eine weitere sehr wichtige Variante im Verhältnis Mensch – Pferd:

Der Mensch ist rangniederer, hat aber Vertrauen und respektiert das Pferd.

Der Schwache, der vertrauen kann, muss nur noch einen kleinen Schritt tun, um stark zu werden.

Diese Konstellation finden wir sehr oft, wenn Kinder oder behinderte Menschen mit Pferden umgehen. Sie begeben sich voller Vertrauen und mit Respekt in die Obhut dieser sensiblen Wesen. Wenn man erlebt, mit welcher Hingabe und Behutsamkeit, wie achtsam und liebevoll Pferde mit diesen zweifelsohne schwächeren Menschen verfahren, dann erhält man eine Ahnung, was ein ranghöherer Mensch mit Pferden erleben kann, wenn er diesen vertraut und sie als gleichwertige Wesen respektiert.

Ein Beispiel mag verdeutlichen, was möglich ist, wenn gegenseitiger Respekt zu Kooperation führt:

Alexa & Pretendida – 2003

In Virginia haben wir eine junge Frau namens Becca mit ihrem voluminösen Kaltblut Chuck unterrichtet. Becca ritt Chuck nur mit einem Sitzpad, also ohne Sattel und mit einem Knotenhalfter, dessen Führseil um den Hals des Pferdes gelegt und unter dem Kinn verknotet als Zügel diente. Auf unser Anraten hin war sie bereit, es mit einer Wassertrense zu versuchen, allerdings ohne Nasenriemen. Wir hatten bereits beobachtet, dass diese Frau eine ganz besondere Beziehung zu ihrem Pferd entwickelt hatte und Chuck zu ihr.

In dieser Reitstunde erklärten wir Becca die Zügelhilfen nach Pferdisch, die Körperdrehung, die Blickrichtung, die unterschiedlichen Einwirkungen mit innerem und äußerem Zügel. Sie begriff das sehr schnell und auf Anhieb führte ihr großes starkes und schweres Pferd auf leiseste Anfragen alle Bewegungsabläufe aus: Hinterhandwendungen, Biegungen, Stellungen, Zirkel vergrößern und verkleinern mit einer Leichtigkeit und Behändigkeit, dass es einfach verblüffend war. Kein Widerstand, kein sich Sträuben, kein sich Widersetzen. Was immer Becca anfragte, Chuck führte es aus. Auch im Trab kam er leichten Hilfen nach, parierte auf tiefes Einsitzen nach einem kurzen leichten Signal mit dem Zügel durch bis zum Stand und ging auf Anfrage zwei Schritte rückwärts. Wir waren alle schlichtweg begeistert. Welcher Erfolg, welche Leichtigkeit.

Den Wert dessen, was wir gesehen hatten, erkannten wir aber erst zwei Tage später, als wir selber Gelegenheit erhielten, Chuck zu reiten:

Er war nicht nur sehr eigensinnig, er stand auch weder an den Schenkel- noch an den Zügelhilfen. Stur versuchte er, seinen Weg zu gehen, nichts mehr von Kooperationswilligkeit, der Leichtigkeit, der Eleganz wie zuvor mit Becca. Und Becca war zu keiner Zeit stark genug, Chuck zu dominieren, die ranghöhere Position einzunehmen. Allerdings respektierten sich beide als gleichwertige Kreaturen. Und das mochte den Unterschied ausmachen.

Wir sind aufgestiegen, um Chuck »auszuprobieren«. Becca ritt ihn, um mit ihm die Möglichkeiten zu entdecken. Welch ein unvergessliches Erlebnis, das uns sehr nachdenklich gemacht hat.

In jedem von uns sind alle fünf Variationen der Beziehung Mensch-Pferd enthalten. Pferdisch macht es sich zum Ziel, dass der Mensch wächst, seine Persönlichkeit entfaltet, um dem Pferd gegenüber eine ranghöhere Position einzunehmen und gleichzeitig das Pferd zu respektieren und ihm zu vertrauen.

In jedem von uns ist alles enthalten.

Was ist das Pferdisch Prinzip?

Das Pferdisch Prinzip ist ein Lebensprinzip, das wir überall in der Natur wieder finden können. Wir sind durch ein intensives Studium der Homöopathie auf die verblüffenden Parallelen aufmerksam geworden. Das Pferdisch Prinzip ist in vielerlei Hinsicht erprobt. Wir können dafür garantieren, dass es funktioniert, im Umgang mit Pferden und mit Menschen.

Friedhelm & Silke mit Gini & Manolito – 2006

Entwicklung der fünf Elemente des Pferdisch Prinzips

Die Elemente des Pferdisch Prinzips bauen nicht etwa strukturell aufeinander auf, sondern bilden einen Kreislauf. Es gibt keinen Anfang und kein Ende. Man kann an jeder Stelle einsteigen und sich dann weiterentwickeln. Die einzelnen Bestandteile des Prinzips funktionieren für sich alleine und können je nach Situation angewandt werden. Somit wird die Verinnerlichung eines jeden Bestandteils sofort eine deutliche Veränderung und Verbesserung im Miteinander mit unseren Pferden und Mitmenschen bewirken. Das Beschreiten des Pferdisch Weges ist von Erfolgserlebnissen begleitet. Es gibt keine wirklichen Misserfolge, es gibt nur wertvolle Erfahrungen. Und das kennzeichnet auch unseren Umgang mit den Pferden: Diese können im eigentlichen Sinne nichts mehr falsch machen, denn sie reagieren nur auf unsere Signale!

Wir können es mit dem Wirken eines Landwirtes vergleichen: Wenn ein Landwirt Hafer sät, wird er zeitversetzt Hafer ernten. Wenn wir Gewalt säen, werden wir Konflikte ernten. Wenn wir »Wischi Waschi« säen, werden wir »Wischi Waschi« ernten.

Wir haben das Pferdisch Prinzip bereits gelebt, als uns bewusst wurde, dass ein Prinzip dahinter steht.

Bei dem Versuch, das komplexe Gebilde Pferdisch anschaulich und nachvollziehbar darzustellen, gab es eine Entwicklung. Wir haben uns entschlossen, den Leser an dieser Entwicklung teilhaben zu lassen, da sie wertvolle Beiträge zum Verständnis liefert. Später werden wir die einzelnen Elemente zunächst genau beschreiben und danach mit ganz konkreten Beispielen aus dem Pferdealltag illustrieren.

Fünf Elemente fallen uns spontan ein, um das Pferdisch Prinzip zu verdeutlichen:

1. Mentale Balance
2. Agieren statt Reagieren
3. Physische Balance
4. Das Homöopathische Prinzip
5. Die liebevolle Zuwendung

Bei dem Versuch, Schlagwörter für die einzelnen Elemente zu finden, entsteht Folgendes:

1. Mentale Balance – **Hier bin ich**
2. Agieren statt Reagieren – **Ich bin der Boss**
3. Physische Balance – **Zwei/vier Beine**
4. Das homöopathische Prinzip – **Niemals kämpfen**
5. Die liebevolle Zuwendung – **Absichtslose Liebe**

Wörter, Begriffe – können sie überhaupt Gefühle abbilden? Jeder erfährt Ereignisse abhängig von seinem momentanen Bewusstsein.

Die nächste Entwicklungsstufe führt uns zu folgenden Aussagen:

1. Hier bin ich – **Ich bin mir meiner bewusst**
2. Ich bin der Boss – **Ich führe**
3. Zwei/vier Beine – **Ich gleiche aus**
4. Niemals kämpfen – **Ich bin Freund**
5. Absichtslose Liebe – **Ich bin liebevoll**

Diese führen zu prägnanten Begriffen, wie

1. Ich bin mir meiner bewusst – (Selbst-) Bewusst **SEIN**
2. Ich führe – **FÜHREN**
3. Ich gleiche aus – (Disbalance) **AUSGLEICHEN**
4. Ich bin Freund – **FREUND sein**
5. Ich bin liebevoll – **EHRLICH sein**

In der Umsetzung dieser Elemente im Pferdisch Prinzip bedeutet das:

1. SEIN – **Persönlichkeit**
2. FÜHREN – **Autorität**
3. AUSGLEICHEN – **Ausgeglichenheit**
4. FREUND – **Freundlichkeit**
5. EHRLICH – **Ehrlichkeit**

Abbildung 2 zeigt die fünf Elemente des Pferdisch Prinzips. Ein jeder mag selbst in sich hineinhorchen, wenn er sich vorstellt, wie er sich fühlen würde, wenn sein Partner, Lehrer, Vorgesetzter oder Freund die genannten Eigenschaften hätte und anwenden würde.

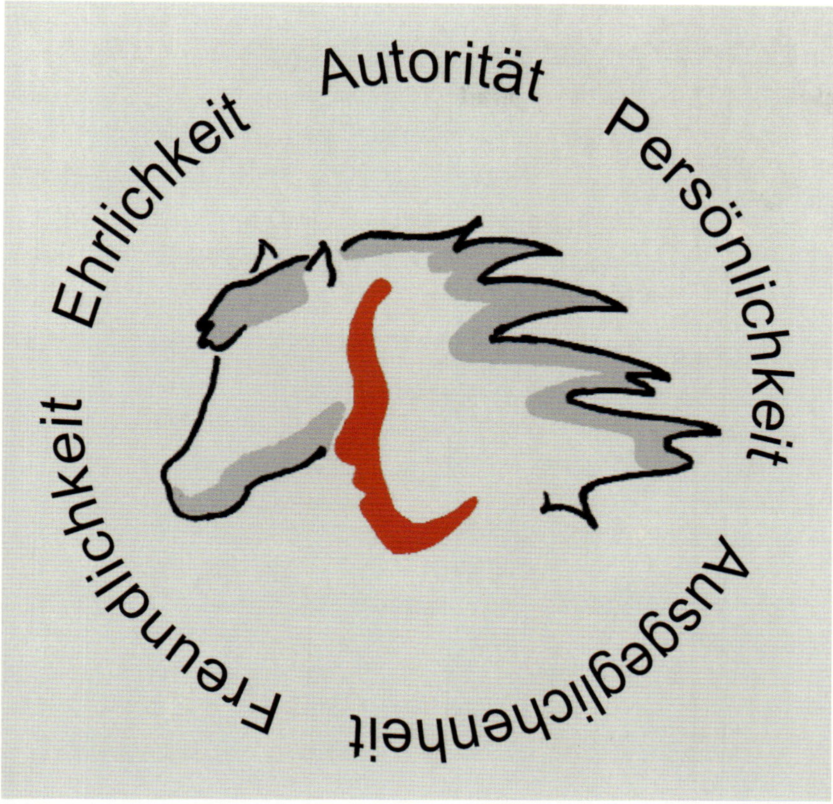

Abbildung 2: Fünf Elemente des Pferdisch Prinzips

Jedes Schlagwort bekommt erst Leben, wenn wir es erleben.

Es gibt viele Begriffe, Theorien und Ideologien, die das menschliche Miteinander zu regeln versuchen und einen allgemeinen Gültigkeitsanspruch für sich erheben. Wie viele Bücher sind bereits dazu geschrieben worden, wie viele Synonyme wurden geprägt.

Beim Pferdisch Prinzip kommt es nicht auf die Begriffe an. Ein Jeder mag für sich die einzelnen Elemente des Pferdisch Prinzips reflektiere, in sich hineinhorchen und fühlen, ob sie zu seinem Empfinden, zu seinem Gedankengut gehören oder noch nicht. Wenn noch nicht, kann er – wenn er will – daran arbeiten, er kann es aber auch lassen oder er kann es später tun. Wenn aber die einzelnen Elemente im Erleben und Erfühlen des jeweiligen Menschen ausgebildet sind, braucht er sich keine Gedanken mehr über dieses Gebilde und die Theorie zu machen, denn dann wird er es aus seinem Unbewussten heraus automatisch leben.

Neue Erkenntnisse sickern allmählich in unser Bewusstsein ein und verändern schließlich unsere Bewertungen.

Gehört es noch nicht zu seinem Fühlen und Erleben, dann wird es sich vielleicht in ihm festsetzen, wird vielleicht erst teilweise, später vollständig mit ihm in Resonanz gehen und allmählich sein Fühlen, Denken und Handeln verändern, so wie heißes Wasser das kalte Wasser allmählich erwärmt, bis das Gesamtniveau höher ist, als zuvor. Nichts geht von heute auf morgen, alles entwickelt sich allmählich, fließt, bis es für alle gut ist.

Alles hat seine Zeit.

Elke & Silke mit Manolito – 2006

Vermittlung der einzelnen Elemente

Der Wert eines Prinzips erweist sich darin, dass es funktioniert und vermittelbar ist.

Ehe wir nun die einzelnen Elemente genau beschreiben, möchten wir kurz eine Brücke schlagen von den Elementen des Pferdisch Prinzips zu dem Konzept zur Umsetzung des Pferdisch Prinzips.

Das Element der **Autorität** vermitteln wir in Form der Basiselemente der Bodenarbeit, nämlich Respekt und Vertrauen sowie Aktion und Reaktion. Diese bilden ein natürliches Rangordnungsverhältnis zwischen Pferd und Mensch, wobei es kein Unterdrücken, kein Einschmeicheln aber auch keine Angst gibt. Das bedeutet, im Leben und im Umgang mit den Pferden die aktive Rolle zu übernehmen, selbstbestimmt zu handeln und nicht mehr Spielball für andere zu sein, um deren Ansprüchen zu genügen.

Die Komponente **Persönlichkeit** wird in allen Seminaren, Aus- und Fortbildungen, im Coaching und im alltäglichen Umgang miteinander gefördert, denn darin besteht das Ziel unserer Arbeit: Den einzelnen Menschen dahingehend zu fördern, dass er ein eigenverantwortliches Leben führen kann. Ein Leben ohne Angst. Ein Leben, in dem der Mensch tut, was er will, und lässt, was er nicht will. Es wird tiefgründig erarbeitet, welche Bedürfnisse und Motive hinter den Bewertungen stehen, die bei Mensch und Pferd Stress auslösen. Ziel ist es dabei, die mentale Balance herzustellen, um im Hier und Jetzt leben zu können, in sich selbst zu ruhen und letztendlich sich von der Erwartungshaltung anderer frei machen zu können, um das zu tun, was man selbst möchte. Die Pferde, die ständig im Hier und Jetzt leben, haben hierbei eine wichtige Rolle: Sie spiegeln uns durch ihre spontanen Reaktionen permanent unseren gegenwärtigen Zustand. Wenn wir in die Lage versetzt werden, ihr Verhalten als Spiegelbild für unser Handeln oder Nicht-Handeln anzunehmen, erhalten wir einen wichtigen Indikator für unsere eigenen Entwicklungsschritte. Des Weiteren haben wir das Konzept des mentalen Trainings entwickelt und setzen gezielt die Klangbehandlungen mit Klangschalen, Gongs und Naturschallwandlern ein, um auf der emotionalen Ebene Blockaden, Wahrnehmungs- und Koordinationsstörungen zu ergründen und aufzulösen. Um einschränkende Bewertungsmuster und Ängste zu durchbrechen setzen wir das Personal Coaching in Verbindung mit klangpädagogischen Elementen ein.

Die Entwicklung unserer Persönlichkeit ist ein lebenslanger Prozess.

Die **Ausgeglichenheit** als drittes Element des Pferdisch Prinzips beinhaltet das Bestreben, den anderen Menschen bzw. das Pferd auszugleichen, also in Balance zu bringen. Auf das Pferd bezogen bedeutet es das Erlernen, Herstellen und Erhalten der physischen und mentalen Balance in jeder Situation. Wir verwenden dieses Prinzip in der fortgeschrittenen Bodenarbeit, in der wir das Pferd schulen, stets, also auch unter dem Reiter, eine Balance zu finden, in der es auf zwei Spuren läuft, und zwar in allen nur denkbaren Lektionen. Die physische Balance des Pferdes ist Voraussetzung für die mentale Balance! Die physische und die mentale Balance hängen eng zusammen. Man kann sogar sagen, sie bedingen sich gegenseitig. Bekommt ein Pferd Stress, verliert es auch die physische Balance. Verliert es die physische Balance, etwa durch Reiterfehler, bekommt es ebenfalls Stress und möglicherweise wird der Fluchtimpuls ausgelöst.

Praxis Plus Seminar – 2006

Das vierte Element, die **Freundlichkeit**, steht für das homöopathische Prinzip in der Reiterei. Niemals sollte der Mensch gegen das Pferd oder andere Menschen kämpfen, denn Kampf ist verzehrte Energie. In der Homöopathie wird Feuer nicht mit Wasser bekämpft, sondern mit Feuer. Dieses natürliche Prinzip haben wir erprobt und auf alle Bereiche des Reitens angewandt. Das Ergebnis ist eine kaum mehr sichtbare feinste Steuerung und Tempokontrolle, die auf alle Reitweisen anwendbar sind. Ein Zerren an den Zügeln gibt es dabei nicht mehr, und die reiterlichen Hilfen liegen im Grammbereich.

Wir vermitteln dieses Prinzip in der Reitausbildung für Anfänger, Fortgeschrittene und im Fine-Tuning für Könner. Insbesondere fließt es in die Grundlagen der Reitlehrer- und Trainerausbildung, sowie in die Coachausbildung ein.

Die **Ehrlichkeit** als fünftes Element des Pferdisch Prinzips umfasst die Fähigkeit, ein Pferd oder Menschen schulen, ausbilden, korrigieren oder therapieren zu können. Es setzt voraus, dass wir mit uns selbst im Einklang sind und unser Ego uns nicht im Griff hat.

Wer heilen oder lehren will, muss gesund sein bzw. in sich ruhen.

Um Pferde und Reiter ausbilden, korrigieren und Menschen therapieren zu können, muss ich liebevoll sein, d.h. ich muss ehrlich zu mir und anderen sein, ich muss Menschen enttäuschen können (wenn sie sich täuschen), ich muss konsequent sein, ich muss auch hart sein können und ich muss in mir ruhen: Ich muss sicher unterscheiden können, welches meine Themen sind und welches die Themen des anderen sind. Eine klare Trennung ist hier notwendig, denn eine Vermischung hätte fatale Folgen.

Dieses Prinzip ist elementarer Bestandteil unserer Multiplikatoren-Ausbildung. Sowohl in der Reitlehrer- als auch in der Coachausbildung ist dieses Bewusstsein die Voraussetzung, um das Pferdisch Prinzip weitervermitteln zu können.

In mehrjähriger Praxis haben wir selbst erlebt und erfühlt, dass die Energien zwischen Lehrer und Schüler erst fließen konnten, als wir dieses Prinzip begriffen hatten. Es ist nach unserer Überzeugung unverzichtbar.

Bereits an anderer Stelle haben wir erwähnt, dass das Ego an unserer Geltung im Außen, also in unserem sozialen Umfeld und darüber hinaus, interessiert ist. Es ist eng verknüpft mit der jeweiligen Rolle, mit dem Status, dem sozialen Ansehen, dem Prestige.

Unsere wahre Persönlichkeit hat damit nichts zu tun. Sie ist unabhängig von Statussymbolen oder unserem gesellschaftlichen Ansehen. Unsere wahre Persönlichkeit ist in uns enthalten, und zwar in absoluter Vollkommenheit. Sie muss nicht mehr wachsen und muss nichts mehr werden, da sie schon alles ist. Lange Phasen unseres Lebens existieren wir quasi fremdbestimmt. Wir funktionieren mehr oder weniger gut mit allen damit verbundenen positiven und negativen Folgen. Wohl versorgt und in (scheinbarer) Sicherheit reagieren wir permanent auf Anforderungen, Reize und Impulse anderer Menschen / Organisationen. Im Laufe unseres Lebens verwirklichen wir uns dann, nehmen das Ruder selbst in die Hand und entscheiden, was wir tun oder lassen – oder auch nicht. Unsere persönliche Ich-Entwicklung können wir nach unserer Auffassung als Lebensaufgabe und –ziel begreifen.

Der Pferdisch Weg soll ein Entwicklungs-Helfer auf dem Weg zur eignen Ich-Findung sein.

Der Pferdisch Weg soll ein Entwicklungshelfer auf dem Weg zur eigenen Ich-Findung sein. Aber nur ein Helfer, ein Wegweiser – gehen muss den Weg jeder selber und auch das nur, wenn er es will. Jeder hat jederzeit die freie Wahl, sich zu entwickeln oder es nicht zu tun. Der Pferdisch Weg ist einer von vielen Wegen, dessen können wir gewiss sein. Aber er führt zum Ziel. Das können wir garantieren, denn wir sind ihn selber gegangen. Er führt zu einem selbst bestimmten Leben ohne Zwänge, ohne unlösbare Konflikte und ohne Schuldgefühle. Einem Leben, in dem Raum für kreative Ausdehnung und friedliches, kooperatives Miteinander mit anderen Kreaturen vorhanden ist.

Romy & Philippo – 2003

Der Pferdisch Weg

Jedes der beschriebenen Elemente wird im Folgenden einzeln erklärt und erläutert.

Persönlichkeit

Die Persönlichkeitsentwicklung als Lebenszweck und Lebensziel durchzieht das ganze Pferdisch Prinzip. Obwohl es auf dem Pferdisch Weg keinen eigentlichen Anfang und kein Ende gibt, beginnt der Weg mit dem Bewusstsein des einzelnen Menschen, seine Wahrnehmung, seine Bewertungen und seine Entwicklung im Hinblick auf eine Persönlichkeitsausdehnung und sein Wachstum auszurichten.

Seine Persönlichkeit zu entwickeln, heißt weniger zu brauchen.

Dieses Bedürfnis, ja diese Sehnsucht durchzieht alle Prinzipien und führt schließlich hin zur *Ich-Entwicklung*, zur Selbstverwirklichung, hin zu einem selbst bestimmten Leben ohne Zwang und Begrenzung.

Der Mensch wird in seinem Denken, Fühlen und schließlich Handeln maßgeblich von einem genetisch angelegten Stressmechanismus beeinflusst. Dieser Mechanismus ist in seinem Ablauf ein Jahrtausende altes Überlebensprogramm für die Gattung Mensch, das allerdings für den Menschen in der heutigen Zeit infolge der sich verändernden Lebensbedingungen oftmals mehr Schaden anrichtet als Nutzen bringt. Nur ein bewusster Umgang mit den Stress auslösenden Faktoren bzw. ihrer Beeinflussbarkeit kann langfristig permanentes Unbehagen und ernste Krankheiten vermeiden helfen. Oftmals in frühester Kindheit übernehmen wir Bewertungsmaßstäbe und Werturteile, die uns oft nicht bewusst sind und die wir normalerweise in der einzelnen Situation später nie mehr reflektieren, auf ihren Nutzen oder ihren Schaden für uns überprüfen und ggf. revidieren.

Nicole & Bisquit – 2004

Es gibt natürlich den positiven Stress, der uns motiviert und antreibt (Eu-Stress).

Der negative Stress (Di-Stress) beschreibt zusammenfassend all das, was dem einzelnen Menschen unangenehm ist, ihm schadet, ihn ängstigt oder außer sich bringt. Hier ist viel mehr enthalten, als zum Beispiel Ärger am Arbeitsplatz. Uns allen ist bekannt, dass ein und die gleiche Situation den einen Menschen zur Weißglut bringt und den anderen völlig kalt lässt.

Marcel & Friedhelm – 2002

Derjenige, der seine Schalter auf Ärger programmiert hat, ist sich meistens nicht bewusst, dass die Ärger auslösende Person oder Situation ihm nur einen Anteil seiner eigenen Persönlichkeit spiegelt, die er unbewusst an sich ablehnt oder nicht leiden kann. Nun sieht er aber in der Regel nicht genau hin, um diesen eigenen Schatten schließlich aufzulösen, vielmehr entwickelt er Wut auf die betreffende Situation oder Person und schafft somit Distanz zwischen dem *Spiegel* und seinem eigenen Problem. Die Folge ist, dass er den anderen zum Sündenbock abstempeln kann und bei sich selbst nicht mehr hinzusehen braucht. Diese Projektion geschieht unbewusst, aber nicht unterbewusst, sondern fein ausgeklügelt, von unserem Ego gesteuert.

Bewusst gesehen, ist unser größter Feind unser größter Freund.

Unter Berücksichtigung dieses Wissens müssten wir normalerweise jedem dankbar sein, der uns unsere eigenen Abgründe spiegelt. Er ist unser Helfer, an dem wir wachsen können.

Und jetzt kommt die wichtigste Information:

Pferde spiegeln uns ebenso unsere Ängste, unsere Ohnmacht und Hilflosigkeit, unsere Gefühle von Minderwertigkeit, unseren Zorn, Wut, Jähzorn, Ungerechtigkeit, Ehrgeiz und Geltungsdrang. Nur haben Pferde kein Ego, sie sind ehrlich, unbestechlich, absichtslos und nicht nachtragend.

Es ist fantastisch, dass wir von diesen sensiblen Wesen Hilfe annehmen können, um an ihnen zu wachsen. Hier ist unser Ego, in der Absicht uns zu beherrschen, quasi machtlos. Wenn es beim Umgang mit anderen Menschen auch durchaus fähig ist, Situationen, die ihm nicht ins Konzept passen, einfach nicht wahrzunehmen, wegzufiltern oder umzuinterpretieren, kann es gegenüber dem Pferd seine Verdrängungsmechanismen und Projektionen nicht anbringen.

Ein weiteres Phänomen möchten wir hier kurz erwähnen. Auch viele scheinbar emotional gestörte Kinder, die vielfach als *hyperaktiv*, *ADS* bzw. *ADHS* oder *Indigo*

Kinder bezeichnet werden, können die gleichen Attribute für sich in Anspruch nehmen, wie die Pferde: Auch sie sind ehrlich, unbestechlich, absichtslos und nicht nachtragend. Auch von ihnen könnten wir lernen, wie das Leben funktioniert. Stattdessen fühlen sich ihre Eltern und Erzieher durch sie zur Verzweiflung gebracht. Hier ist ersichtlich, welche Macht unser Ego über uns hat. In einem weiteren Buch »Das Pferd als Helfer in Therapie und Pädagogik« werden wir dieses vertiefen.

Haben Pferde und so genannte emotional gestörte Kinder etwa die gleiche Funktion für unser Leben?

Unser Ego, dem im gesundesten Falle maximal ein Beratervertrag zustehen sollte, nimmt sich allzu oft die Prokura über unsere Lebensgestaltung. Dies fällt ihm umso leichter, je mehr wir außer uns sind. Damit ist gemeint, dass wir uns nach außen orientieren, zu anderen Menschen, Sachverhalten und materiellen Werten hin. Das Ego – wir erwähnten dieses bereits in dem Abschnitt *Was ist Hierarchie? – Einblick in die Pferdeherde* – möchte geachtet, geliebt, geschätzt werden, möchte erfolgreich, berühmt und bedeutend sein. Jedes Höher, Schneller und Weiter lässt das Ego erleuchten.

Das Fatale ist, dass wir – wenn wir außer uns sind – nicht zugleich in uns sein können. Das heißt aber zugleich, dass wir uns nicht fühlen und wahrnehmen können, unsere Persönlichkeit, den, der wir wirklich sind.

Viele erwachsene Menschen sind nicht mehr in der Lage, sich zu spüren.

Viele erwachsene Menschen sind nahezu überhaupt nicht mehr in sich und gar nicht mehr in der Lage, sich zu spüren. Ganze Körperpartien sind der Eigenwahrnehmung nicht mehr zugänglich. Diese Menschen spüren sich im wahrsten Sinne des Wortes nicht mehr. Es fällt ihnen schwer, ihren eigenen Körper ganzheitlich wahrzunehmen und zu beeinflussen. Wir schlagen vor, dass der Leser sich einmal selber hinterfragt, wie es zum Beispiel um seine Füße bestellt ist. Wie empfindet er eine Berührung seiner Füße durch eine andere Person? Wer kann mit Fug und Recht behaupten, dass seine Sensibilität die Füße betreffend der seiner Hände gleichwertig ist? Ist es nicht vielmehr so, dass den meisten Menschen eine Berührung ihrer Füße unangenehm ist, kitzelt, vielleicht sogar schmerzt, oder auch wütend macht? Und wenn man sich dieses Beispiel vor Augen geführt hat, ist es vielleicht hilfreich, die Befindlichkeit des eigenen Bauches zu hinterfragen. Ist die jeweilige Intuition noch spürbar? Mag der Betreffende sich noch auf sie verlassen? Oder sind wir vielmehr ausschließlich Kopf und Verstandes gesteuert? Wenn Letzteres der Fall ist, wie ist es dann um die Fähigkeit, abzuschalten und zu entspannen bestellt? Funktioniert das noch? Auch ohne Alkohol und Tabletten? Macht gar die Erfahrung Angst, in der Stille mit sich selbst konfrontiert zu sein?

In vielen Reitstunden haben wir die Erfahrung gemacht, dass der überwiegende Anteil der Menschen, mit denen wir zu tun haben, Störungen in der Eigenwahrnehmung und Körperkoordination hat.

Und diese Störungen sind weder über die kognitive Ebene (Verstandesebene) erreichbar, noch korrigierbar. Hier haben wir Wege entwickelt, über die emotionale Ebene, also über das Fühlen und Empfinden, eine Heilung zu bewirken.

Es bereichert unser Leben, wenn unsere beiden Gehirnhälften im Gleichklang wirken.

Mentales Training

Wir haben ein Mentales Training zur Förderung und Ausbildung von Menschen über Jahre entwickelt und praktizieren dieses mit viel Erfolg, um Angst, Blockaden oder Traumata zu überwinden.
Es gibt viele Beispiele von Menschen, die durch unser mentales Training ihre Angst überwinden konnten und mit ihren Pferden wieder Spaß am Reiten haben. Sowohl Erwachsene als auch Kinder profitieren von dieser Methode. Besonders erwachsene Reiter reiten zu sehr mit dem Kopf wobei das Gehirn doch gar nicht in der Lage ist, alle notwendigen Bewegungen des Körpers, der Arme, Hände, Schenkel und Kopf gleichzeitig zu koordinieren. Aber genau das ist notwendig, um die Hilfen zu geben. Unser Unterbewusstsein reitet viel besser! Reiten mit Gefühl geht leichter als mit dem Verstand! Das mentale Training hilft Reitern,

Marion & Elke mit Wanja – 2006

loszulassen und mit feinsten Hilfen zu reiten. Dabei kann sich der Reiter auf das Wesentliche konzentrieren und das Reiten genießen, entspannt reiten.
Diese Lehrweise hat Allgemeingültigkeit, wenn wir direkt das Unterbewusstsein eines Menschen erreichen wollen. Diese Methode wenden wir bei angsterfüllten, verkopften und blockierten Reitern mit Wahrnehmungs- bzw. Motorikstörungen genauso an, wie bei der Aufgabe, komplexe Handlungsabläufe einzuüben.

In der Praxis gestaltet sich das mentale Training so, dass der Reiter auf dem Pferd sitzt, welches von uns über ein Knotenhalfter mit dem Pferdisch »Impulsband« und eine kurze Fahrpeitsche vom Boden aus gesteuert wird. Hier verwenden wir die Kommunikationselemente aus dem Pferdisch Bodenarbeitskonzept, die wir in unseren Seminaren vermitteln. Wir erreichen durch verschiedene Techniken, die beiden Gehirnhälften des Reiters zu trennen. Wir bündeln die Wahrnehmung der linken Gehirnhälfte, die für das rationale Geschehen verantwortlich ist, auf unsere Aktionen. Das kann man sich so vorstellen, dass wir die Aufmerksamkeit des Reiters permanent an uns binden, zum Beispiel durch wechselseitiges hoch und runter zählen, wobei der Reiter ständig reagieren muss. Zählen kann nur die linke, rationale Gehirnhälfte. Währenddessen steuert seine rechte, emotionale Gehirnhälfte die verschiedensten Figuren, die sein Pferd durch unsere Körpersprache (Pferdisch) unter ihm ausführt. Sein Unterbewusstsein lässt seinen Körper die Bewegung des Pferdes losgelassen und geschmeidig aussitzen, ebenso wie es in der Lage ist, uns als Autofahrer kuppeln, schalten und bremsen zu lassen, während wir uns angeregt mit dem Beifahrer unterhalten.
Es ist unglaublich, welche Rückbesinnung auf verschüttete Fähigkeiten und Empfindungen diese Lehr- und Korrekturmethode bewirkt. Emotionale Ausbrüche und extreme Hilflosigkeitsgefühle gehen oftmals dem Durchbruch zur Auflösung der Blockaden voraus. Unsere langjährigen Erfahrungen und Ausbildungen helfen uns, diese Ausbrüche angemessen aufzufangen.

Wir müssen nichts mehr werden, es ist bereits alles in uns drin.

Klangmassage

Eine nicht minder wirksame Methode zur Entspannung, Körperwahrnehmung und Bewusstwerdung haben wir uns mit der Klangmassage nach Peter Hess® erschlossen. In allen Fällen, wo uns eine unmittelbare Schulung auf dem Pferd als verfrüht oder nicht angebracht erscheint, erzielen wir mit dieser ausschließlich emotional ansetzenden Methode beeindruckende Resultate.
Bei den Klangschalen handelt es sich um in Handarbeit getriebene Metallschalen, die aus Legierungen von bis zu 12 verschiedenen Metallen bestehen. Die Schalen werden mit Schlegeln oder Klöppeln angeschlagen und entwickeln

Klangschalen

daraufhin nicht nur einen faszinierenden obertonreichen Klang von bis zu acht Oktaven, sie geraten daneben auch in Schwingung, und zwar je nach Beschaffenheit, Größe, Wanddicke etc. in sehr schnelle Schwingungen oder sehr langsame Schwingungen.
Werden diese Schalen in bestimmten Bereichen des Körpers (über der Bekleidung) platziert und angeschlagen, so überträgt sich die Schwingung der Schale auf den Körper, der zu 80 % aus Flüssigkeit besteht. Der Körper geht dann in Resonanz mit der Schale, woraufhin eine tiefe Entspannung eintritt. Gleichzeitig werden aber in den behandelten Körperbereichen auch evtl. bestehende Energieblockaden (zum Beispiel durch Ärger, Stress, Schmerz oder Angst entstanden) aufgelöst. Die Energie kann danach wieder frei fließen.

Der Klang, die Schwingung ist kosmisches Lebenselixier.

Klangliege mit Klangschalen & Gongs

Nach östlicher Vorstellung ist der Kosmos und der Mensch aus Klang entstanden. Klang aber ist Schwingung. Nach unserem Gefühl gibt es dissonante Zustände in uns, die mit Unwohlsein, Problemen, Stress, Unruhe, Angst, fehlendem Vertrauen und vielem mehr gleichgesetzt werden können.

Alle Lebewesen streben zur Harmonisierung.

Die Klangschalen helfen, den Gleichklang in Körper und Seele wiederherzustellen. Die Wirkung ist einfach wunderbar. Insbesondere die Menschen, die sich bisher mit keiner Entspannungsmethode anfreunden konnten, erreichen wir mittels der Klangschalen in einfühlsamer und sanfter Weise.

Für uns ist der Kontakt mit dieser Methode, welche durch ihren Begründer, Peter Hess, in Deutschland entwickelt wurde, ein wichtiger Meilenstein in unserer Arbeit mit Menschen und Pferden.
Wir konnten mit manchmal nur einer einzigen Behandlung gravierende Veränderungen in der Selbstwahrnehmung vieler Menschen bewirken. In Einzelfällen konnten wir starke Angstzustände lösen helfen. Was aber allen Empfängern gemein war: Sie fühlten sich herrlich entspannt und hatten wieder ein Gefühl für ihren Körper als Gesamtheit mit einer energetischen Durchlässigkeit von Kopf bis Fuß.
Beim Schreiben dieser Zeilen wird uns deutlich, dass Worte die faszinierende Wirkung und die Möglichkeiten dieser Methode nur unzureichend beschreiben können. Wir haben eigens dafür eine Webseite eingerichtet, die weiterführende Informationen bereithält: www.lebenswichtiges.de.
Wir setzen die Klangschalen auch bei Pferden ein. Die Wirkung ist verblüffend. Die Pferde entspannen sich und halten gewissermaßen ihren Körper hin, um die Schwingungen zu spüren. Verletzungen heilen überraschend schnell und im Zuge der Rekonvaleszenz verändert sich unser Empfinden für Gesundheit und Krankheit grundlegend.
Auch beim Einsatz dieser Methode arbeiten wir eng mit Ärzten und Therapeuten zusammen, um zum Wohle des Behandelten zu wirken.

Nach diesem Exkurs kehren wir zurück zur Persönlichkeit als einem der Elemente des Pferdisch Weges.

Das Pferdisch Prinzip bewegt sich unmittelbar in dem Spannungsfeld von Respekt und Vertrauen. Hiermit ist gegenseitiger Respekt und gegenseitiges Vertrauen zwischen Pferd und Mensch gemeint.

Andrea & Nadine mit Gundel – 2006

Wir müssen uns das Vertrauen unserer Pferde verdienen, nicht durch Reden, sondern durch Handeln. Sich wiederholende positiv bewertete Handlungen schaffen schließlich Vertrauen. Ein einziges Zuwiderhandeln kann dieses Vertrauen wieder zerstören, manchmal für immer.

Wir müssen uns gut überlegen, ob wir uns für immer als vertrauenswürdig erweisen wollen.

Wir müssen uns schon gut überlegen, ob wir nur eine momentane Rolle erfüllen wollen, oder ob wir uns wirklich für immer als vertrauenswürdig erweisen wollen. Dieses ist ein wichtiger Teil unserer Persönlichkeit.
Voraussetzung dafür, dass mir jemand vertraut ist, dass ich mir selber traue. Dass ich Selbstvertrauen habe, dass ich mit mir im Reinen bin, mich akzeptiere, ja – mich liebe. Pferde können meine Befindlichkeit spüren. Es bringt nichts, etwas vorzuschützen, ich muss mir meiner selbst schon sicher sein.
Und das wunderbare ist:
Wenn ich mir selbst vertrauen kann, mich mit allen meinen Fehlern, Schwächen, Ängsten annehmen und lieben, mich akzeptieren kann, dann kann ich plötzlich auch andere mit ihren Schwächen, Fehlern, Ängsten annehmen, lieben, akzeptieren, auch die Pferde. Und dann beginnt es zu fließen, das Leben. Jeder, der das einmal gespürt hat, weiß, wovon wir sprechen.

Dann bekommen wir eine Ahnung, wie schön, wie leicht alles sein kann, wie erfüllend und ohne jede Mühe, ohne jeden Kampf, ohne jedes sich behaupten müssen. Einfach nur sein, und das, was IST, als gut zu empfinden.

Ändern können wir das, was IST, ohnehin nicht, wenn wir das nur akzeptieren könnten. Wenn wir mit dem Strom des Lebens fließen könnten, anstatt ständig dagegen anzuschwimmen und unsere Kräfte zu verzehren.
Ich bin okay und du bist okay, das ist dabei alles, und das Pferd spürt es.

Autorität

Es ist erstaunlich, welch' unterschiedliche Assoziationen gerade dieser Begriff bei verschiedenen Menschen hervorruft. Wir haben lange bei der Auswahl dieses Begriffes gezögert. Dennoch trifft er den Kern dessen, was wir zum Ausdruck bringen wollen. Erinnern wir uns an unsere Schulzeit. Da gab es Lehrer, die konnten den Klassenraum betreten und dennoch fuhren wir fort, über Tische und Bänke zu gehen. Und je mehr diese Lehrer herumkrakelten oder drohten, desto schlimmer wurde es.
Und es gab andere Lehrer, die betraten den Raum, und es herrschte augenblicklich erwartungsvolle, ja fast andächtige Stille.

Friedhelm mit Norman – 2003

Nur schwer ist es begrifflich zu erfassen, was diese Menschen auszeichnete. Wir bezeichnen es als Autorität. Wir wünschen uns, dass am Ende dieses Kapitels klar nachzuvollziehen ist, was eine Autorität ausmacht und – vor allem wie man eine wird.

Die Pferdeherde hat uns in unzähligen Stunden der Beobachtung gelehrt, was eine Autorität ausmacht:

Autorität sein ist ein Endzustand.

Die Pferdeherde ist hierarchisch strukturiert, ähnlich einer Hühnerleiter. Es gibt keine zwei Tiere der gleichen Rangordnung. Ist die Rangfolge strittig, wird sie *geklärt*, und zwar unmissverständlich, bis sie allen Beteiligten deutlich geworden ist. Dabei ist es ähnlich wie bei den Menschen.

Die Ranghohen legen ein Ohr an oder drehen die Hüfte ein wenig in Richtung Kontrahent, und das genügt. Die Rangniederen prügeln sich.

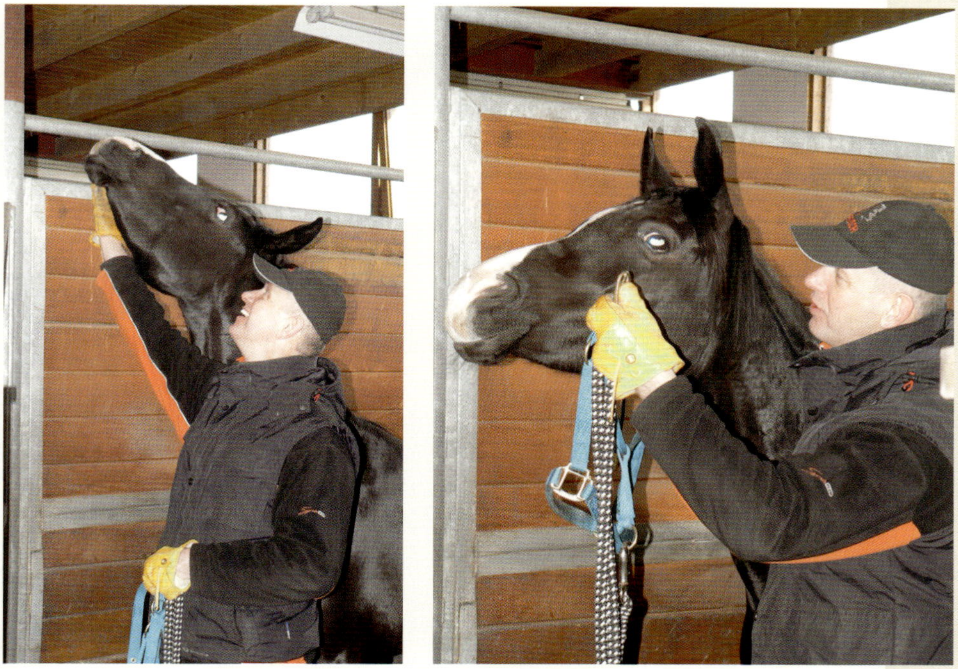

Friedhelm mit Nafila – 2006

Unter Kapitel *Was ist Hierarchie? – Einblick in die Pferdeherde* haben wir bereits die Führungsstrukturen in der natürlich strukturierten Herde beschrieben. Wir haben herausgestellt, dass die Leitstute für das mütterliche Prinzip steht. Sie führt die Herde und in ihrer Obhut, unter ihrer Führung, können rangniedere oder junge Tiere die Welt gefahrlos entdecken. Die Leitstute hat die vertrauensbildende Funktion in der Herde. Der Leithengst dagegen steht für das väterliche, treibende Prinzip. Er veranlasst die Herde, insbesondere heranwachsende Tiere, zu weichen. Er treibt von hinten, während die Herdenmitglieder nun alleine ihren Weg finden und beschreiten müssen.

Respekt und Vertrauen funktionieren nur in der Balance.

Während die Leitstute für die Ausbildung des Vertrauens steht, ist der Leithengst für die Ausbildung des Respekts verantwortlich. Er wird jedes andere Tier der Herde anhalten, vor ihm zu weichen. Wollen wir mit Pferden umgehen, ist es ausgesprochen hilfreich, uns die Körpersprache von Leitstute und Leithengst näher anzusehen und uns ggf. zu Eigen zu machen.
Immer, wenn wir mit einem Pferd umgehen, haben wir entweder die führende oder die treibende Funktion, zumindest, wenn wir das Geschehen bestimmen wollen.

Anderenfalls führt das Pferd uns über den Hof. Die Ausbildung von Respekt und Vertrauen beginnt am Boden. Somit kann man jeglichen Kontakt mit einem Pferd als Bodenarbeit bezeichnen. Es ist ein großer Irrtum, unter Bodenarbeit etwa das Longieren oder ähnliche Techniken zu verstehen. In dem Augenblick, in dem wir die Boxentür öffnen, können wir jeden Tag wieder Respekt und Vertrauen herstellen bzw. erhalten oder auch nicht.

Eine Autorität ist mit ihrer Konzentration immer bei der Sache, also im *Hier* und *Jetzt*. Bin ich mit meinen Gedanken anderswo, so wird das Pferd das sofort spüren und weder Vertrauen in mich noch Respekt vor mir haben. Vielmehr wird es selbst für sich sorgen. Das kann sich zeigen, indem das Pferd mich überholt, einfach stehen bleibt, mich wegzieht oder umrempelt, in dem es frisst – halt das tut, was es selber gerade will. Es reicht schon, mit dem Handy zu telefonieren oder mit einer anderen Person zu sprechen, während wir mit einem Pferd umgehen, damit dieses sich von uns abwendet und tut, was es selber für richtig hält. Dieses Phänomen beobachten wir sogar in unseren Bodenarbeitsseminaren, wenn wir mit unseren Pferden Lektionen vorführen und diese gleichzeitig den Seminarteilnehmern erklären. Sofort ist das Pferd *weg* von uns. Die feine Verbindung, die vorher bestanden hat, reißt ab. Stellen wir uns selber vor: Wir merken, dass ein Gesprächspartner nicht bei der Sache ist, während er bei unseren Ausführungen in Gedanken schon seine Antwort formuliert, wie wir uns dann fühlen.

Eine Autorität ist klar und berechenbar. Nur wer klar verständliche und immer gleiche Signale aussendet, ist für das Pferd vertrauensbildend. Zunächst ist es von Bedeutung, sich bewusst zu machen, dass wir immer körpersprachlich kommunizieren. Die Körpersprache ist immer wahrhaftig und echt. Mit Worten können wir täuschen, mit der Körpersprache jedoch nicht. Wir müssen also hinter unseren Absichten stehen und davon überzeugt sein. Ein Pferd merkt jede Täuschung sofort. Ich kann zum Beispiel noch so mutig gucken und mich aufblasen, wenn ich Angst im Herzen habe, spürt es das Pferd. Das Pferd spürt ebenfalls, wenn ich mich in manchen Situationen (zum Beispiel, wenn Leute zuschauen oder auf dem Turnier) anders verhalte, als sonst.

Wenn das Pferd plötzlich Dinge tun soll, auf die ich sonst keinen Wert lege. In dem Fall sende ich andere Signale aus als gewohnt, vielleicht sogar neue Signale. Aus Sicht des Pferdes bin ich in einer solchen Situation nicht nur körpersprachlich missverständlich, sondern ich bin zudem nach Außen orientiert, d.h. außer mir (bei den anderen Leuten). Ich kann nicht gleichzeitig bei meinem Pferd sein.

Eine Autorität IST.

Eine Autorität gibt einen Rahmen und achtet darauf, dass dieser eingehalten wird. Wer sich jederzeit die Butter vom Brot nehmen lässt, der kann nicht erwarten, dass er respektiert wird. Der Rahmen zeigt dem Pferd nicht nur seine Grenzen, sondern gibt ihm zugleich Sicherheit und Schutz. Es gibt nichts Schlimmeres, als wenn die Regeln nicht für beide Seiten klar sind und etwas, was heute richtig ist, morgen falsch ist. Im letzteren Fall wird das Pferd total verunsichert und reagiert je nach Charakter entweder mit Angst oder Aggression. Beide Verhaltensweisen können gefährlich ausufern. Nehmen wir an, ich wollte mein Pferd führen, und zwar mit der rechten Hand, und das Pferd soll rechts von mir gehen. Dann führt im wahrsten Sinne des Wortes die rechte Hand, die mit der Handfläche nach oben gehalten wird und die das locker durchhängende Führseil vor der Nase des Pferdes hält. Ich befinde mich vor der Schulter des Pferdes und habe in dem Moment die Position der Leitstute. Würde

Das Pferd entscheidet, ob wir eine Autorität sind.

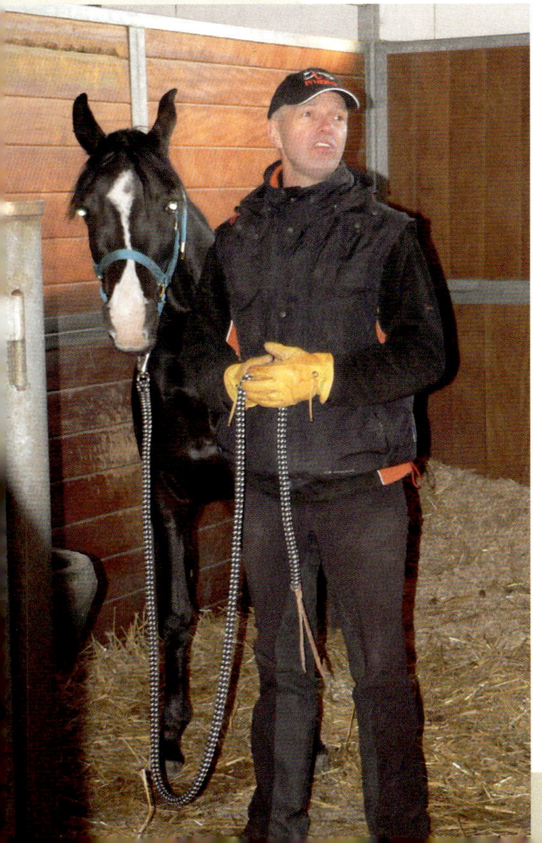

ich zulassen, dass das Pferd mich nun überholt und ich hinter seine Schulter gerate, so befände ich mich in der rangniedrigsten Position zum Pferd. Das Pferd könnte mir nun leicht den Strick aus der Hand ziehen. Wenn es sich nach rechts von mir abwenden würde, geriete ich zudem noch in den gefährlichen Bereich seiner Hinterhand. Es muss also mein Bestreben sein, dieses zu verhindern.

Eine Autorität bestimmt, was geschieht. In der Kommunikation zwischen Menschen führt derjenige, der fragt. Er setzt die Aktion, der andere reagiert, indem er antwortet. Dieses ist ein ganz wichtiges Faktum, will ich vom Pferd respektiert werden. Es genügt nicht, nur bei der Sache zu sein. Als Autorität muss ich immer für eine Überraschung gut sein, ansonsten übernehmen insbesondere charakterstarke Pferde beinahe unmerklich die Führungsrolle. Wir können nicht genug betonen, wie wichtig gerade dieses Kriterium ist. Unsere Aktionen sind dabei kleine, fast unscheinbare Impulse, die wir dem Pferd über das Führseil oder über die Körpersprache, aber auch über die Stimme geben. Dabei ist nicht der Impuls entscheidend, sondern das Loslassen unmittelbar anschließend. Beispielsweise mache ich mich mit dem Führseil in der Hand vor dem Pferd klein, gebe einen kurzen Zugimpuls auf das Seil und gehe dabei, schon wieder mit losem Seil, einen oder zwei Schritte zurück, um in dem Augenblick, wenn mir das Pferd folgt, einige schnelle Schritte auf das Pferd zuzugehen, wodurch es so überrascht ist, dass es selber einige Schritte zurückweicht. Daraufhin bleibe ich ruhig neben dem Pferd stehen und lobe es. Der Effekt, der erreicht wird, besteht darin, dass das Pferd mir gefolgt ist und unmittelbar danach durch den Überraschungseffekt gewichen ist. Danach ist Ruhe, und es wird gelobt. Jedermann wird erstaunt sein, wie sich dieses auf das Respektverhältnis zwischen Mensch und Pferd auswirkt. Gewarnt sei davor, dieses Beispiel überzustrapazieren, denn es verbraucht sich.

Eine Autorität muss sich nicht mehr beweisen.

Die genannten Charakteristika müssen nun Anwendung in allen Bereichen des Umgangs mit unserem Pferd finden. Es ist notwendig, dass wir konsequent und immer nach diesen Regeln verfahren, ansonsten verwässert das Autoritätsverhältnis nach und nach.

Irgendwann stellen wir dann fest, dass wir uns mit unserem Pferd quasi arrangiert haben oder das Pferd mit uns.
Es ist grundsätzlich so, dass ein Pferd tut, um was wir es bitten. Ist das nicht der Fall, dann hat das Pferd unsere Frage entweder nicht registriert, da es durch Umgebungsreize abgelenkt war oder es hat die Lektion nicht verstanden oder, und das ist meistens der Fall, das Respektverhältnis ist gestört. Es ist sehr schwer, ein solches Verhältnis dann wieder zu korrigieren. Das kann dann meist nur eine dritte (unabhängige) Person durchführen.

Die Frage der Autorität sollte niemals vakant sein.

Zur Illustration möchten wir die Geschichte von einer jungen Frau und ihrem Quarter Horse Wallach aus Virginia, USA erzählen:

Es handelt sich um ein 4jähriges Quarter Horse, einen schönen schlanken Fuchs mit aufmerksamem Blick. Die junge Frau hatte dieses Pferd von ihrem Bruder geschenkt bekommen, weil es mehrfach beim Einreiten gestiegen war und seine Reiter abgebuckelt hatte. Danach hatte sich niemand mehr auf das Pferd gesetzt.
Nach einer mehr als 6stündigen Trailerfahrt von Ohio nach Virginia wurde der Wallach erst einmal alleine auf eine große Wiese gestellt, um sich zu akklimatisieren. Nach zwei Tagen gingen wir zu ihm. Er war sehr aufmerksam, Friedhelm konnte ihn ohne weiteres berühren und seinen Arm um den Nacken legen. Er legte ihm sein Knotenhalfter um, hielt den Kopf sanft umfasst und sagte dem Pferd, dass der Stress nun vorbei sei, dass sie friedlich miteinander umgehen würden, dass

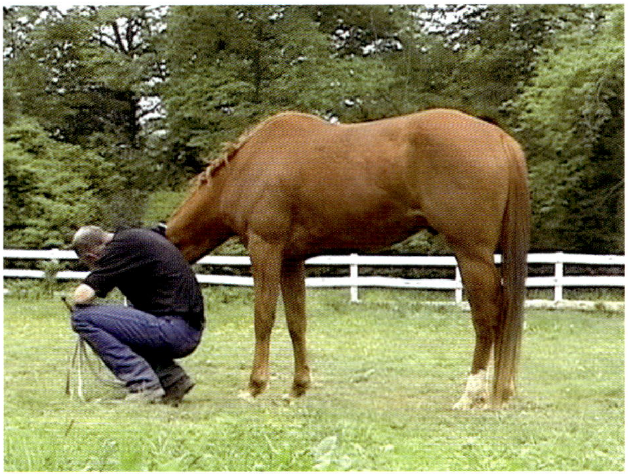

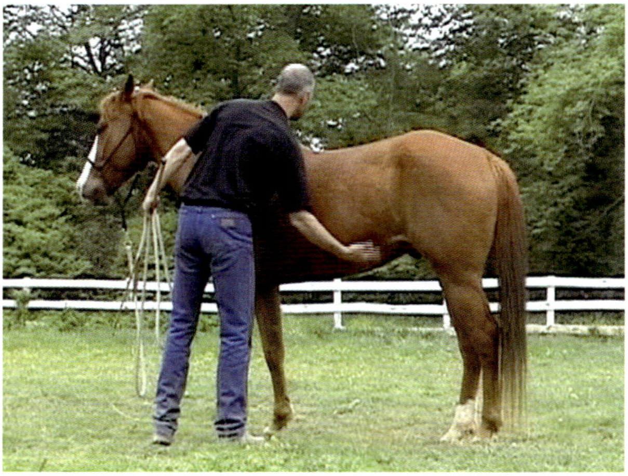

Friedhelm mit Spitfire – 20

er ihm nichts täte. Dabei empfand er eine solche Liebe zu dem Tier, dass ich es mit Worten nur schwer ausdrücken kann.
Und das war der Schlüssel!

Diese Liebe kam zu ihm zurück. Friedhelm spürte ein starkes Glücksgefühl, als er mit den üblichen Ritualen begann, um per Körpersprache, auf Pferdisch, seine höhere Position in der Hierarchie zu demonstrieren.
Nach weniger als fünf Minuten war das Verhältnis zwischen ihnen beiden geklärt. Ohne jeden Widerstand, Druck, ohne jegliche unschöne Begegnung dokumentierte der Wallach, dass er Friedhelm respektierte, aber auch zugleich Vertrauen zu ihm hatte.

Friedhelm hat dann begonnen, mit dem jungen Wallach unser Bodenarbeitsprogramm zu spielen und nach etwa 15 Minuten hatte das Pferd alles verstanden und folgte wie ein routiniertes Trainingspferd allen feinsten Signalen, dabei balancierte es sich perfekt aus, lief auch in engen Wendungen auf zwei Spuren, drehte vor Friedhelm her in beide Richtungen die Figur Acht und hielt jederzeit an, wenn er es dazu aufforderte. Auch ließ es sich rückwärts richten und wich überhaupt willig in jede gewünschte Richtung.
Wir waren baff.
Dafür benötigten wir normalerweise mehrere Stunden.
Waren wir hier etwa auf den Punkt gestoßen, den wir erst jeder für sich, aber dann auch gemeinsam so viele Jahre gesucht hatten?
Wir waren gespannt, was weiter passieren würde.
Zwei Tage später wiederholten wir die Bodenarbeit, dieses Mal auf dem Reitplatz. Wir wollten direkt an die traumatischen Erlebnisse des Pferdes heran, deshalb sattelten wir ihn mit einem Westernsattel. Als der Wallach alle Übungen mit Bravour genauso wie beim ersten Mal absolvierte, entschlossen wir uns, die gleiche Verfahrensweise anzuwenden, nach der wir junge Pferde sanft und absolut gewaltfrei anreiten. Dazu ist das Buch »Ausbildung & Korrektur« im Müller-Rüschlikon Verlag erschienen.

Der Wallach absolvierte das gesamte Programm, mit Christine im Sattel, ohne mit einer Wimper zu zucken. Wir wechselten, Christine übernahm den Bodenpart und Friedhelm stieg in den Sattel, das Gleiche.
Wir nahmen nun das Führseil des Knotenhalfters als Zügel, indem wir es um den Pferdehals legten und unter dem Kopf des Wallachs verknoteten. Nun ritt Friedhelm das Pferd selbstständig im Schritt und Trab in allen möglichen Figuren. Es ließ sich jederzeit anhalten. Kein Kampf, kein Stress.
Nun wollten wir es wissen:
Wir ließen die Besitzerin aufsteigen und wir führten sie vom Boden aus. Als auch das klappte, ließen wir sie auf dem umzäunten Platz ebenso mit dem Seil als Zügel reiten, wie wir es zuvor getan hatten.
Alle waren glücklich über die Harmonie, die zwischen Reiterin und Pferd bestand.
In den nächsten Monaten waren die Frau und das Pferd sich selbst überlassen. Sie machte in dieser Zeit eine schwere persönliche Krise durch. Zwar war sie täglich am Stall, aber ihre Gedanken waren anderswo. Das Pferd übernahm sofort wieder die Verantwortung für sich und war nach und nach kaum mehr zu händeln. Nicht einmal die alltäglichen Verrichtungen, wie Hufe auskratzen, putzen, satteln konnten mehr gefahrlos durchgeführt werden. Die Frau war total verzweifelt. Sie kam einfach nicht mehr zu ihrem Pferd durch.

Zu bemerken ist dabei, dass sie resolut und ausgesprochen erfahren im Umgang mit Pferden ist. Allerdings konnte ihr Pferd keinen Kontakt zu ihr aufnehmen, da sie nicht in sich ruhte.
Als wir im Herbst wieder in Virginia waren, konfrontierte sie uns mit dem Problem. Und jetzt geschah etwas Bemerkenswertes: An zwei aufeinander folgenden Tagen arbeiteten wir jeweils eine Stunde am Boden mit dem Pferd. Und zwar in ihrer Gegenwart. Nacheinander fragten wir alle Lektionen so lange ab, bis der Wallach sie nach unserem Wunsch ausführte.

War er widersetzlich, ignorierten wir das und arbeiteten einfach weiter. Kam er den Aufforderungen nach, lobten wir ihn ausgiebig. Und das war der Schlüssel zum Erfolg. Nach zwei Tagen benahm er sich, wie ein halbes Jahr zuvor. Keine Widersetzlichkeit, kein gefährliches Verhalten, nur reine Hingabe.

Wir wollen das Kapitel *Autorität* mit einem Fazit abschließen:

Gedanke → Wort → Tat

Eine Autorität sagt, was sie denkt und tut, was sie sagt – immer. Ohne jedes Falsch, spontan und direkt. Das ist der einfache Schlüssel für ein glückliches und selbst bestimmtes Leben, der Schlüssel für einen harmonischen und kooperativen Umgang mit Pferden und Menschen!

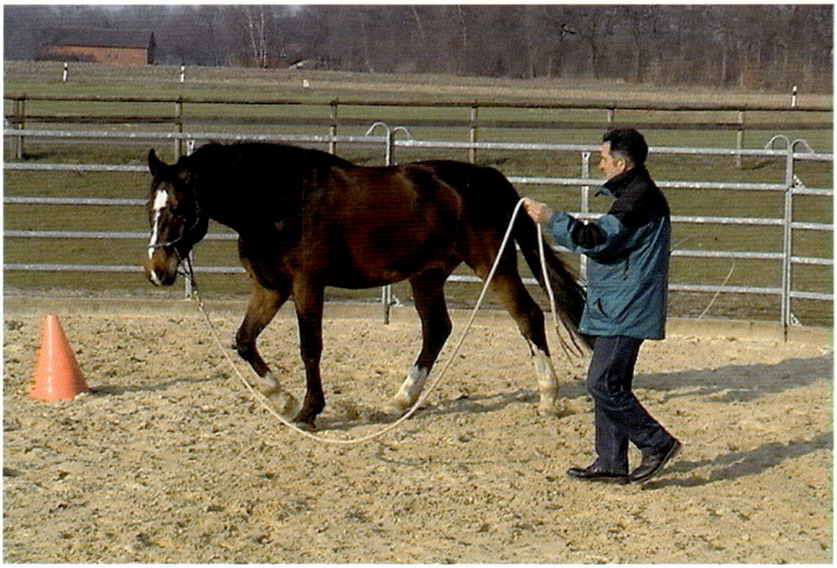

Dieter mit Philippo – 2003

Ausgeglichenheit

Die mentale Balance des Pferdes, die Ausgewogenheit zwischen Respekt und Vertrauen, wir haben im Kapitel *Autorität* ausführlich darüber gesprochen, setzt unabdingbar die physische Balance voraus. Davon soll in diesem Kapitel die Rede sein.

Es ist unglaublich, wie wenig dieser Aspekt in allen uns bekannten Reitstilen Beachtung findet. Das Pferd ist ein Balancekünstler. Gerade gestellt, direkt oder indirekt gebogen kann es schreiten, traben und galoppieren, über die Schulter aus der Kurve nach außen drängen oder über dieselbe nach innen fallen, auf kürzeste Distanz stoppen und sogleich in entgegen gesetzter Richtung davon spritzen. Es ist faszinierend, die Lust an der Bewegung dieser herrlichen Kreaturen zu bewundern.
Aber Hand aufs Herz: Wer von uns – sofern er nicht Stuntman ist – möchte auf einem solchen explodierenden Kraftpaket sitzen? Damit es uns als Reitpferd dienen kann, müssen wir das Pferd schulen, in einer anderen Art der Balance zu laufen, als es ihm von der Natur mitgegeben ist. Das allein laufende Pferd läuft die Kurven oftmals nach außen gestellt, wobei es eine Schräglage einnimmt, wodurch die kurveninneren Beine gegenüber dem äußeren Pendant quasi *länger* werden.

Die Ausgeglichenheit als wichtigste Voraussetzung des Reitens fehlt meistens.

Um diese dennoch am Boden unterzubringen, setzt das Pferd sie jeweils vor die äußeren Beine, so dass das Pferd von vorne oder hinten betrachtet, auf einer einzigen Linie (Spur) läuft.

Mit dem Blick für die Balance ist es wie mit dem Hören des Jazz: Man muss es erst lernen.

Jo-Ann & Tina mit Nafila – 2006

Das ist dem Pferd nur möglich, weil es sich in seiner Körperlängsrichtung biegen kann, wie es ihm beliebt. Darüber hinaus kann es das nicht unbeträchtliche Gewicht von Kopf und Hals sozusagen wie eine Balancestange heben, senken oder nach innen bzw. außen drehen. Es wird jedermann einleuchten, dass wir dem Pferd als Reiter diese verschiedenen Kompensationsmöglichkeiten einer möglicherweise entstandenen Disbalance nicht zugestehen können. Unter dem Reiter würde das Pferd keine Möglichkeit haben, sich mittels des Gewichts von Kopf und Hals auszubalancieren. Nun könnte es die entstehende Schräglage nur noch durch die Zentrifugalkraft, sprich Tempoerhöhung, ausgleichen. Hindert der Reiter es auch daran, bleibt als letzte Möglichkeit das Ausweichen mit der Hüfte/Hinterhand aus der Kurve nach außen. In diesem Fall würde das kurveninnere Hinterbein vor das äußere Hinterbein treten, im Anschluss daran würde das äußere Hinterbein weiter nach außen gesetzt. Das Ganze kann sich je nach Geschwindigkeit mehrfach wiederholen. Es ist unglaublich, dass selbst in Dressurlektionen der höchsten Kategorien beobachtet werden kann, wie Pferde beim Durchreiten der Ecken wie ein Tanker durch die Kurve gehen, steif und mit der Hinterhand ausbrechend. Dies liegt unserer Meinung nach an einem Unverständnis für die Bewegungsabläufe des Pferdes, wenn es in der Bewegungsmöglichkeit von Hals und Kopf gehindert wird und zusätzlich Zug auf den kurveninneren Zügel erhält.

Nur ein Pferd, welches in perfekter Balance und Selbsthaltung auf zwei Spuren unter dem Reiter läuft – und zwar in jeder Lektion – kann mit feinsten Hilfen, die nahezu unsichtbar sind, gesteuert werden.

Ein weiteres wichtiges Kriterium soll hier erwähnt werden: Ein Muskel hat zwei Zustände, er kann *angespannt* oder *entspannt* sein.
Ein bisschen angespannt gibt es genauso wenig wie ein bisschen schwanger.

Nur ein entspannter Muskel kann schwingen. Wenn ein Reiter über die Zügel permanent Kontakt zum Gebiss im Pferdemaul hat und sei der Zug auch noch so gering, dann greifen die Gesetzmäßigkeiten:

Zug gibt Gegenzug.
Druck gibt Gegendruck.

Viele Menschen haben das Gefühl für Entspannung verlernt.

Jeder Reiter wird dieses unzählige Male gespürt haben. Wenn der Reiter aber einen wie auch immer gearteten Zug am Zügel in der Hand spürt, so ist die Muskulatur seiner Hand, seines Unterarms, seines Oberarms, seiner Schulter bis hin zum Latissimus, des Muskels, der von der Achselhöhle bis zum Gürtel geht, angespannt. Der

Reiter ist in seinem Oberkörper fest. Gleichzeitig drückt das Pferd gegen das Gebiss in seinem Maul, also gegen den Zug der Reiterhand. Das bewirkt eine Anspannung der Muskeln des Kiefers, des Genicks, des Halses bis hin zur Schulter des Pferdes. Jeder von uns kennt die Bilder dieser erstarrten Pferd/Reiter Kombinationen, die sich, ähnlich einem Schaukelpferd vornüber nickend, über den Parcours quälen.

Messungen einer Untersuchung eines bekannten deutschen Reiterjournals haben Zuggewichte von acht Kilogramm und mehr pro Zügel ergeben, wen wundert es.

Nur am losen Zügel ist es möglich, dass Reiter und Pferd als Einheit in einem feinen Rhythmus schwingend in Harmonie erscheinen, wobei die Kommunikation zwischen Reiterhand und Pferdemaul über feine kurze Impulse geschieht. Fehlt die permanente Anlehnung des Zügels zum Pferdemaul, muss der erforderliche Rahmen für das Pferd über die Reiterschenkel hergestellt werden.

Kommunikation über feine Impulse bedeutet neue Wege gehen.

Elke & Silke mit Manolito – 2006

Hier können wir das nächste Desaster in der üblichen Reiterei beobachten: Die Reiter haben permanenten Knieschluss. Damit ist gemeint, dass sie Oberschenkel und Knie ständig an das Pferd pressen. Die Knie befinden sich aber naturgemäß unmittelbar an der Schulter des Pferdes, und genau hier ist die Lenkung des Pferdes *eingebaut*. Wenn ich als Reiter mit Knieschluss die Schulter blockiere, kann das Pferd in einer Kurve nicht den Rippenbogen nach außen bringen, d.h. sich nicht hohl machen (biegen) und wieder erreiche ich damit, dass das Pferd wie ein Tanker durch die Kurve geht und mit der Hüfte nach außen drängt, also auf nur einer Spur läuft. Es wird deutlich, dass die meisten Probleme der Reiterei hausgemacht sind. Sie müssen gar nicht sein. Wenn wir dem Pferd seinen Rahmen über die Waden geben, mit leicht nach außen gestellten Fußspitzen, die Knie ein wenig vom Pferdekörper abwenden, entstehen die genannten Probleme gar nicht.

Mit einem ausgefeilten Bodenarbeitsprogramm vermitteln wir dem Pferd in sehr kurzer Zeit die Fähigkeit, permanent auf zwei Spuren zu laufen, eine ständige stabile Balance dadurch zu erreichen, dass es das innere Vorderbein vorwärts/einwärts setzt und das äußere Vorderbein folgt. Diese ständige Balance vermittelt dem Pferd eine große Sicherheit und Gelassenheit.

Dieter mit Balou – 2003

Erkennen kann man das sehr schnell daran, dass das Pferd bald ausgesprochen gesetzt und souverän mit aufrechter Schulter trabt und galoppiert. Kein Wegrennen, kein Hasten, keine Disbalance mehr. Auch alleine auf der Weide bewegen diese Pferde sich plötzlich anders, als ihre ungeschulten Artgenossen. Sie sind in der Lage, sich ihre Kräfte viel besser einzuteilen und ihre Bewegungen effizienter zu koordinieren. Es sei nur der Vollständigkeit halber noch einmal erwähnt, dass nur ein physisch ausbalanciertes Pferd auch mental ausgeglichen sein kann.

Das Herstellen von Balance durchbricht den Teufelskreis.

Nun ist die Basis geschaffen, um mit diesem Pferd im wahrsten Sinne des Wortes zu kommunizieren, über impulsartige Zügel – und feinste Schenkelhilfen – halt auf

Pferdisch: in natürlicher Versammlung am losen Zügel, mit einem wunderbar schwingenden Rücken und einem für Pferd und Reiter angenehmen Tempo in allen Gangarten.

Brigitte – 2004

Freundlichkeit

Von Kind an lernen wir, dass das ganze Leben Kampf ist. In der Schule, im Sport, in der Wirtschaft, in der Politik – überall wird Druck gemacht, dem Schwächere gefälligst zu weichen haben. Wie bereits ausgeführt, lautet das Naturgesetz jedoch:

> Druck gibt Gegendruck und Zug bewirkt Gegenzug.

Druck verhindert Frieden.

Setzen Eltern ihr Kind unter Druck, um etwas zu erreichen, so gibt dieses scheinbar nach, solange die Eltern es kontrollieren können. Sofern der Druck nachlässt oder unwirksam wird, tut das Kind genau das Gegenteil.

Dieses Prinzip zeigt sich täglich in Nordirland, im Baskenland, in Israel und Palästina und vielen anderen Ländern. Wir wollen hier auf keinen Fall ideologisieren oder über Schuld und Unschuld spekulieren.

Es geht nur um den Punkt, dass wir dauerhaft nichts erzwingen können. Und zwar in keiner Disziplin. Je mehr Druck ausgeübt wird und je länger dieser anhält, umso mehr Opposition bildet sich unter der Oberfläche, bis das Pulverfass schließlich explodiert.

Ständige Opposition endet oft in Gewalt.

Genauso ist es mit dem Verhältnis zu Pferden. Wir wollen nicht bestreiten, dass ein starker Reiter ohne weiteres in der Lage ist, ein Pferd eine lange Zeit zu unterdrücken. Nicht selten zeigen solche Pferde ihren Reitern in Turnierprüfungen, wie ohnmächtig sie sind, wenn das Pferd nicht mehr mitspielt. Wir beobachten seit vielen Jahren, dass genau diese Reiter immer wieder zum Teil schwerste Unfälle erleiden, und zwar nicht nur im Sattel, sondern auch bei alltäglichen Verrichtungen rund um das Pferd. Es mutet manchmal schon komisch an, dass diese Menschen die Zusammenhänge zwischen ihrem Tun und diesen schlimmen Geschehnissen nicht erkennen können. Hat jemals jemand solche Unfälle im Zusammenhang mit schwachen oder behinderten Personen erlebt?

Aus eigenem Erleben können wir hier verbindlich erklären, dass wir genau seit dem Zeitpunkt nicht mehr vom Pferd gefallen sind, seit wir das Prinzip der Freundlichkeit begriffen haben, und es auch praktizieren.
Wir haben sehr viele Pferde ausgebildet bzw. korrigiert. Darunter waren Pferde, die infolge ihrer Erfahrungen mit Menschen zum Teil sehr schwierig und sogar gefährlich waren. Mit der Renitenz dieser Pferde haben wir es begründet, dass Stürze zur alltäglichen Trainingsarbeit gehörten. Wir hatten bis dahin das Verständnis, dass das Pferd vor uns weichen, also dem Druck nachgeben muss, und zwar in jede gewünschte Richtung. Wich das Pferd nicht, haben wir es mit Druck dazu veranlasst.

Das führte infolge des Gegendrucks des Pferdes zu einem Kampf, den wir meistens gewonnen haben. Aber halt nur meistens. Und wenn es einen Gewinner gibt, dann gibt es automatisch auch einen Verlierer. Bekanntlich geht in diesem Universum keine Energie verloren.

Wenn es einen Gewinner gibt, dann gibt es immer auch einen Verlierer.

Irgendwann machten wir dann eine bahnbrechende Entdeckung:

Wir hatten ein Pferd zu korrigieren, welches ständig pullte, insbesondere im Gelände dem Reiter unter dem Hintern weglief und mit nichts auf der Welt daran zu hindern war. Dieses Pferd hatte, ehe es zu uns kam, alle klassischen Methoden und technischen Hilfsmittel kennen gelernt, die zur Korrektur eines solchen Verhaltens schlechthin Verwendung finden. In diesem Fall allerdings ohne Erfolg.
Wir haben dieses Pferd zunächst am Boden gearbeitet, dabei gab es keinerlei Verhaltensauffälligkeiten. Das Pferd respektierte uns und führte vertrauensvoll auch schwierige Lektionen durch. Wir nahmen das Pferd als Handpferd mit ins Gelände. In Schritt, Trab und Galopp lief es locker und gesetzt neben dem Führpferd her. Kein Ziehen oder Zerren. Dann hat Friedhelm das Pferd auf dem Reitplatz geritten. Dieser Platz hat eine Ausdehnung von ca. 80 x 30 m.
Er begann damit, kleine Kreise im Schritt zu reiten – kein Problem. Das Gleiche im Trab – ebenfalls kein Problem.
Ein Zirkel von etwa 15 m Durchmesser im Galopp – auch hier ruhiges, kontrolliertes Verhalten.
Sobald er das Pferd jedoch aus dem Zirkel auf die Gerade ließ, verfiel dieses augenblicklich in einen völlig unbalancierten Panikgalopp, als wenn es auf der Flucht war. Es riss den Kopf hoch und war von da an mit Zügeln nicht mehr zu beeinflussen.

Es folgten etliche Runden in einem Tempo, das einfach unglaublich war. Völlig durchgeschwitzt und außer Atem endeten Pferd und Reiter dann in einer Ecke des Reitplatzes. Alles, was wir bis dahin kannten, konnten wir vergessen. Es funktionierte einfach nicht.
Und dann kam der Geistesblitz. Da Friedhelm sich seit vielen Jahren intensiv mit Homöopathie beschäftig, war es wie ein Aha-Erlebnis:
Feuer mit Feuer bekämpfen.
Er nahm die Hände mit den Zügeln weit nach außen, ohne aber Zug auf die Zügel zu geben. Damit verhinderte er, dass das Pferd zur Seite gucken bzw. Haken schlagen konnte. Dann setzte er sich tief in den Sattel, drehte die Fußspitzen weit nach außen und zog sich mit den Waden so fest in den Sattel, dass das Pferd ihn nicht mehr abbuckeln konnte. Dann galoppierte er parallel zum Zaun an. Sofort trieb er das Pferd mit Stimme, Beckenbewegung und Unterschenkelimpulsen an, so fest er nur konnte. Nach fünf Galoppsprüngen hatten sie bereits Höchstgeschwindigkeit. Als sie an die Schmalseite des Platzes kamen, merkte er, dass das Pferd das Tempo reduzieren wollte. Er fuhr jedoch fort zu treiben. Er hielt die Hände weit auseinander und konzentrierte sich nur darauf, genau über dem Schwerpunkt des Pferdes zu sitzen. Das Pferd nahm eine unglaubliche Schräglage ein. Er schaffte es, das hohe Tempo beizubehalten. Es ist erstaunlich, aber sie kamen sicher durch die Kurve. Erneut auf der Geraden versuchte er das Tempo zusätzlich zu steigern. An der nächsten Schmalseite verfuhr er wie zuvor. Er verspürte plötzlich trotz des viel zu hohen Tempos ein Gefühl der absoluten Kontrolle über das Pferd. Er hatte nicht den geringsten Zweifel, dass sie heil durch die Kurve kommen würden.

Er wusste, dass das Pferd sofort langsamer werden würde, wenn er nun aufhören würde zu treiben: und genauso kam es. Als er sich zurücklehnte und die Schenkel öffnete, schaltete das Pferd sein Tempo augenblicklich so weit runter, dass es in den Trab zurückgefallen wäre, hätte er nicht wieder angefangen zu treiben.
Das Ganze hat er zwei weitere Runden praktiziert. Danach konnte er das Pferd durch Schenkel ran /Schenkel weg im Tempo kontrollieren, wie er es wollte. Ja, es schien sogar, dass das Pferd nur darauf wartete, wann es wieder langsam werden durfte, denn es hatte begriffen, dass schnell laufen anstrengend ist.

Wir möchten an dieser Stelle nicht ergründen, was das Pferd zum Renner gemacht hat. Aber die Methode, das Pferd gegen sich selbst kämpfen zu lassen, fand in diesem Erlebnis ihren Ursprung.

Erst Loslassen erbringt das Erwünschte.

Viele Male haben wir später das gleiche Procedere praktiziert, immer mit dem gleichen Resultat. Wir glauben, dass man diese Erkenntnis auf sehr viele Lebensbereiche anwenden kann. In der Folgezeit haben wir alle reiterlichen Hilfen zur

Wendy & Friedhelm mit Romeo – 2002

Steuerung und Tempokontrolle nach diesem Grundprinzip entwickelt. Wer einmal selber spüren und ausprobieren möchte, wie dieses Prinzip funktioniert, dem empfehlen wir folgenden Test:

Experiment

Lassen Sie eine andere Person gerade vor sich her gehen, während Sie mit Ihren Händen von hinten links und rechts die Schultern der Person erfassen und mäßigen Druck ausüben. Plötzlich – und für die Person unerwartet – nehmen Sie dann eine Hand zur Seite weg und gehen dabei weiter. Die andere Hand verändert weder Position noch Druck. Garantiert wird die Person seitlich zu der Seite weggehen, an der Sie die Hand von der Schulter genommen haben!

Das Prinzip ist hier: Der Körper findet Anlehnung an dem ihm gegebenen Rahmen. In diesem Fall waren es die Hände der nachfolgenden Person. Genauso können es die Schenkel des Reiters am Pferdebauch sein.

Der Körper folgt dem weggehenden Druck.

Da dieses Prinzip ebenfalls ein Naturgesetz ist (ebenso wie Druck Gegendruck erzeugt), kann man es durchgängig auf die Reiterhilfen anwenden. Genau das haben wir getan. Konsequent haben wir alle Situationen analysiert und durch Hilfen ersetzt, die dieser Gesetzmäßigkeit entsprechen.

Naturgesetze gelten immer und überall.

Die Folge ist, dass es nichts mehr gibt, gegen das unser Pferd angehen könnte oder wollte. Selbst bei Widersetzlichkeiten haben wir Verhaltensweisen entwickelt, die dem Pferd sofort deutlich machen, dass es niemals gegen uns, sondern nur gegen sich selbst kämpfen kann. Somit gibt es keinen Kampf mehr mit dem Pferd. Seit diesem Tag ist keiner von uns mehr vom Pferd gefallen. Und das ist einige Jahre her.

Das letzte Pferd, von dem Friedhelm gefallen ist, war ein Quarter Horse Hengst namens Murdock. Im Gelände hatte Friedhelm Druck ausgeübt, worauf der Hengst einen steilen Abhang hinuntergebuckelt ist. Irgendwann fand Friedhelm kein Pferd mehr unter sich vor und landete sehr unsanft platt auf seinem Rücken. Ein ¾ Jahr lang hatte er starke Rückenschmerzen und somit Gelegenheit, sich zu überlegen, wie man wohl anders mit Pferden umgehen kann. Murdock ist es zu verdanken, dass es heute das Pferdisch Prinzip der Freundlichkeit gibt.

Das Motto dieses Prinzips ist ganz einfach und auf alle Lebensbereiche auch zwischen Menschen übertragbar:

Niemals kämpfen.

Das Prinzip der Freundlichkeit findet seine Gültigkeit nicht nur im aktiven Tun. Auch bei der Ausrüstung oder technischen Hilfsmitteln müssen wir uns überlegen, was wir mit dem Pferd tun bzw. ihm antun. Wenn wir uns überlegen, warum beispielsweise in der klassischen Reiterei ein eng verschnallter Nasenriemen benutzt wird, so kommen wir zu der Erkenntnis, dass das Pferd ohne Nasenriemen bei starkem Zug an den Zügeln, sich diesem Zug durch Aufsperren des Mauls entziehen könnte. Das würde aber auch dem ungeübten Auge verdeutlichen, dass es sich bei den reiterlichen Hilfen nicht um sensible Einwirkung, sondern um blanke Gewalt handelt. Da alles recht nett aussehen soll, wird dem Pferd halt mit einem oder zwei Riemen das Maul zugeschnallt. Dass das Pferd in der versammelten Kopfhaltung, physiologisch gesehen, den Unterkiefer nach vorne schieben muss, dieses mit dem zugeschnallten Maul aber gar nicht mehr kann, ist offensichtlich weiten Kreisen nicht bekannt. Kieferschmerzen, Nackenschmerzen bis hin zu Wirbelschäden sind die Folge. Außerdem wird das Pferd naturgemäß dem Druck der Reiterhand den gleichen Druck entgegensetzen. So kommen schließlich die

Wir wenden Zwang an, wenn wir uns unserer selbst nicht sicher sind.

in einer seriösen Untersuchung gemessenen Spitzenkräfte von acht Kilogramm und mehr an jedem Zügel zustande. Mit Freundlichkeit ist so etwas wohl kaum zu vereinbaren. Die Verwendung solchen Materials ist nach unserer Meinung ein Fall für den Tierschutz, wenngleich die Reglements der Spitzenverbände daran nichts Verwerfliches finden, wird es doch bis hin zur Olympiade vorgeschrieben.

Das Prinzip der Freundlichkeit ist ebenso wenig mit dem Einsatz von Schlaufzügeln und anderen Hilfszügeln vereinbar, wie mit den Techniken, die landläufig Pferde veranlassen sollen, in einen Pferdehänger einzusteigen.

Wir prangern hier nichts an, um jemand zu verunglimpfen. Wir sagten dieses bereits. Wir können jedem, der interessiert ist, erklären und zeigen, dass es anders geht.

Wer einmal verstanden hat, was abläuft, kann danach seine Augen nicht mehr davor verschließen.

Wir werden unser Wissen und unsere Möglichkeiten, Menschen dieses zu vermitteln, verwenden, um Missstände in der Haltung von Pferden, sowie den Machenschaften, die Pferde für die *Höher – Schneller – Weiter* Disziplinen abzurichten, ins Bewusstsein der Menschen zu bringen. Wer einmal verstanden hat, was abläuft, kann danach seine Augen nicht mehr davor verschließen. Auch das ist Pferdisch.

Ehrlichkeit

Die bisher behandelten Elemente von Pferdisch betrafen das, was wir zu vermitteln haben.
Dieses fünfte und letzte Element des Pferdisch Prinzips handelt davon, wie wir diese Dinge vermitteln.

Die Wahrheit verdrießt den Menschen.

Wir sind uns dessen bewusst, dass der Lehrende zugleich auch immer der Lernende ist und sein muss. Wer aufhört zu lernen, stagniert und wird schließlich weniger. Es ist wie mit allem Lebendigen, es schwingt und fließt. Tut es das nicht mehr, lebt es auch nicht mehr. Ein Lehrer, der nicht mehr bereit und offen ist, zu lernen, ist lediglich ein Reproduzierer, der immer wieder das Gleiche erzählen wird und sich dabei selber immer wieder bestätigt sieht. Ein weiterer wesentlicher Punkt ist, wo der Lehrer sich gegenüber seinem Schüler sieht. Steht er über ihm, redet er von oben nach unten? Frönt er seinem Ego, indem er die Aufmerksamkeit seines Schülers auf sich zieht, seine Aggressionen an seinem Schüler auslässt bzw. seinen Schüler ab- und sich selbst aufwertet?

All diese Formen bewirken, dass der Lehrer dem Schüler durch seine Verhaltensweise dessen Energie abzieht, um sich selber gut zu fühlen. Das Ganze geschieht natürlich unbewusst, und zwar für Lehrer und Schüler.

Für den Schüler wirkt sich das allerdings so aus, dass er sich nach dem Unterricht irgendwie leer fühlt, herabgesetzt, erniedrigt oder klein gemacht. Auf jeden Fall fühlt er sich nicht gut. Oftmals bleibt er dennoch bei seinem Lehrer, weil sein Selbstbewusstsein noch nicht genügend entwickelt ist, um sich von diesem Lehrer frei zu machen. Unter diesen Gesichtspunkten wird sich sein Selbstbewusstsein allerdings auch nicht weiterentwickeln können. Das Tragische dabei ist, dass der Schüler in einer solchen Konstellation weder für sich selber, noch für sein Pferd sorgen kann. Nur selten ist er sich bewusst, dass er es ja ist, der die Verantwortung für sein Pferd – und was damit geschieht – hat.

Selbst bestimmt leben heißt die Verantwortung zu übernehmen.

Es ist ähnlich dem Verhältnis Patient – Arzt. Der Patient gibt seine Eigenverantwortung an seinen Arzt ab, der dann nach seinen Maßstäben verfährt. Der Arzt, wie auch der beschriebene Lehrer, haben jedoch eigene Interessen und Zielsetzungen, und werden naturgemäß zunächst für sich selbst sorgen. Darin ist unsererseits keinerlei Wertung enthalten. Wir stellen hier nur natürliche Gesetzmäßigkeiten heraus.
Die selbst bestimmte Persönlichkeit jedoch nimmt den Lehrstoff auf, im Idealfall unter stressfreien Bedingungen, reflektiert den Stoff und entscheidet dann, was sie annimmt und was sie verwirft. Das Gleiche gilt für den selbst bestimmten Patienten: er hört sich die Meinung seines Arztes an, holt ggf. andere Meinungen ein, informiert sich selber und entscheidet dann, was für ihn selbst gut ist.

Wir stellen uns die Lehrsituation so vor, dass Lehrer und Schüler auf einer Stufe stehen und auf einer Ebene kommunizieren. Keiner raubt dabei dem anderen bemerkt oder unbemerkt seine Energie.

Weder ist der Lehrer der Allmächtige, der den Schüler nicht nur bereichert, sondern zugleich Motor für dessen Entwicklung ist, noch ist der Schüler in der Lage, den Lehrer leer zu saugen, weil er sich klein und hilflos gibt. Das Verhältnis zwischen den beiden ist von Wahrhaftigkeit und Ehrlichkeit sowie von Gleichwertigkeit und Kooperation geprägt. Unter Wahrhaftigkeit verstehen wir, dass wir das, was wir sagen, auch denken/fühlen und auch danach handeln. Unter Ehrlichkeit verstehen wir, dass wir den anderen nicht werten, dass wir keine Illusionen aufbauen oder aufrechterhalten und dass wir fähig sind, den anderen auch zu enttäuschen, falls das notwendig ist.

Jemanden zu enttäuschen, bedeutet, ihm zu zeigen, dass er sich getäuscht hat.

Ent-Täuschen heißt, dass wir bereit sind, für den anderen Spiegel zu sein, selbst auf die Gefahr hin, dass der seinen ganzen Zorn nun auf uns projiziert. Wenn wir ihn enttäuschen, dann besagt das nur, dass er sich über etwas getäuscht hat. Und wir erbringen den Liebesdienst, ihm das zu zeigen.
Wir möchten an dieser Stelle noch einmal auf das Kapitel *Persönlichkeit* zurück verweisen, wo wir bereits die Funktion der Projektion beschrieben haben.

Das Gleiche gilt für Pferde, wenn sie unsere Schüler sind:[5]

Auch das Zerstören gehört zur Ehrlichkeit. Es gibt hin und wieder Pferde, die durch ihre Erfahrungen mit den Menschen jeglichen Respekt verloren haben. Das macht sie so stark, dass sie nicht ungefährlich im Umgang sind, will man sie in ihre *Rolle* zurückbringen. Bei diesen Pferden muss entgegen unserer vorherigen Aussage viel Druck aufgewandt werden, um sie in die subdominante Position zurückzubringen.

Das ist ein sehr schwieriges Unterfangen, welches uns keinen Spaß macht (und dem Pferd auch nicht), denn wie alle Menschen möchten wir natürlich auch lieber nur aufbauen (gut sein) und am liebsten anderen Menschen die Zerstörung (den Krieg) überlassen, damit wir uns besser fühlen können als diese. Wir haben uns entschieden, dass wir alle Scheinheiligkeit aufgegeben wollen. Wir mussten

Friedhelm mit Bisquit – 2003

[5] Diese Erkenntnis hat sich aus einem privaten Schriftverkehr mit C. Phillips entwickelt.

lernen, dass manchmal alte Verhaltensweisen erst gelöscht werden müssen, ehe neue angelegt werden können. Es gehört manchmal sehr viel Druck dazu, aber es ist nach unserer Überzeugung ein Liebesdienst, wenn endlich jemand genügend Interesse, Durchhaltevermögen und keine Angst hat, um das Pferd in ein harmonisches Miteinander zurückzubringen.

Korrektur im eigentlichen Sinne gibt es nicht. Man kann nur Altes löschen und Neues anlegen. Das beginnt, wie immer, mit Respekt und Vertrauen.

Zurück zu den Menschen ist es unser erklärtes Anliegen, deren Selbstbewusstsein zu stärken und Entwicklungshelfer für deren Ich-Entwicklung zu sein. Dazu bedarf es allerdings einer persönlichen Voraussetzung, eines Bewusstseins:
Zum wiederholten Male sprechen wir daher die Funktion unseres Egos an.
Der Erfahrungsschatz von vielen Reitstunden und Seminaren, in denen wir Kontakt zu den unterschiedlichsten Menschen hatten, ermöglichte es uns schließlich, die Herrschaft über unser Ego zu erlangen. Wir möchten nicht verschweigen, dass in früherer Zeit des Öfteren unser Ego das Verhältnis zu dem einen oder anderen Reitschüler bestimmt hat.
Ein Schlüsselerlebnis war dabei das Verhältnis zwischen einem Heilpraktiker, den Friedhelm sehr geschätzt hat, und der Friedhelm auch sehr geschätzt hat. Hier prallten zwei sehr starke Egos aufeinander, die verhindert haben, dass beide Persönlichkeiten zueinander finden konnten, um sich gegenseitig zu befruchten.

Vielmehr entstand bald Kampf und schließlich Krieg. Keiner von beiden hat gewonnen, beide haben verloren. Dieses Erlebnis hat lange nachgewirkt und maßgeblich dazu beigetragen, dass Friedhelm daran gearbeitet hat, die Macht seines Egos auf eine Beraterfunktion zu reduzieren. Viele weitere Erfahrungen, darunter Existenz bedrohende und unglaublich schmerzhafte, bewirkten zuletzt, dass Friedhelm in sich zurückkam. Damit wollen wir zum Ausdruck bringen, dass er sich nicht mehr nach außen orientiert, außen keinen Halt und keine Bestätigung, keine Sicherheit und keine Versorgung mehr suchen muss.

Manchmal müssen wir erst verlieren, um nicht mehr gewinnen zu wollen.

Genau das war der Zeitpunkt, wo die Energie zwischen ihm und den Schülern wieder zu fließen begann. Die Erkenntnis, dass nur jemand, der in sich ruht und sein Ego im Griff hat, lehren und fördern kann, ist für uns so wichtig, dass wir sie als fünftes Element in das Pferdisch Prinzip aufgenommen haben. Die Energie, die dann zwischen Schüler und Lehrer zu fließen beginnt, die aber auch Förderung erst möglich macht, ist reine Liebesenergie. Liebesenergie, die jenseits von Rolle und Status, jenseits von oben und unten, jenseits von persönlichen Interessen steht. Diese positive Energie spürt der Schüler sofort. Diese Energie schafft ein Vertrauensverhältnis von Mensch zu Mensch, sie beseitigt Schwellenängste und Ängste überhaupt und öffnet das Unterbewusstsein für die anstehenden Erkenntnisse.

Theresa & Eddy – 2002

Ehe wir dieses Kapitel abschließen, möchten wir eine Brücke schlagen, denn das Pferdisch Prinzip ist nicht nur ein Weg für den harmonischen Umgang mit Pferden. Es ist ebenso anwendbar auf alle Lebensbereiche. Erst der Transfer auf die Gesamtheit unserer Lebensverhältnisse erbringt den Wert und schließlich auch den Nutzen des Pferdisch Prinzips.

Jede Umsetzung auch nur des kleinsten Anteils dieses ganzheitlichen Konzeptes bringt unmittelbar persönlichen Gewinn für uns selber, für unser Pferd, für das gemeinsame Erleben der Welt, bis hin zum Transfer der erkannten und erfühlten Mechanismen des Lebens auf alle anderen Bereiche. Auf unser familiäres Umfeld, auf unseren Arbeitsbereich, auf unsere Freunde und FEINDE?
Und damit kommen wir zum Kernpunkt des Pferdisch Prinzips.
Es handelt sich hierbei nicht um etwas, was wir erfunden haben, was wir auf dem Reißbrett konstruiert haben, sondern es handelt sich um Naturgesetze, die wir für uns wiederentdeckt haben, in Beziehung gesetzt und vermittelbar gemacht haben.
Die Energie, die dem Pferdisch Prinzip innewohnt, ist eine liebevolle Energie.

Nichts ist gut oder schlecht. Alles gehört zum Ganzen, ist gleichwertig und nicht wegzudenken.

Wenn wir uns selber achten können, uns so annehmen, wie wir sind, wenn wir nichts mehr werden wollen und müssen, dann können wir auch den anderen so annehmen, wie er ist.
Wir können ihn akzeptieren und respektieren.

Und wir kämpfen nicht mehr. Wir können Andersdenkende dankbar als Spiegel annehmen, um die Schatten unserer eigenen Persönlichkeit zu bearbeiten, wir müssen nun nicht mehr projizieren, um von uns selber abzulenken.
Wir können uns bestimmt und konsequent abgrenzen, uns unseren persönlichen Freiraum erhalten und diesen auch dem anderen lassen.
Wir können für uns sorgen, ohne Schuldgefühle, und wir verstehen, dass wir nur für uns selber verantwortlich sind, für niemanden sonst.

Niemand anderes ist für uns verantwortlich.
Wir sind für niemand anderen verantwortlich.

Nicola mit Maya – 2006

Jeder kann sich in dem Maße entwickeln, wie es ihm beliebt, er kann es aber auch lassen.
Und das ist eine wesentliche Erkenntnis:
Wir können niemanden verändern, außer uns selber.
Wir können auch bestehende Verhältnisse nicht verändern, da sie das Resultat der Energie der beteiligten/betroffenen Masse sind.
Hat die überwiegende Anzahl der beteiligten Menschen Angst, wird sie Sicherheit im *Außen* suchen. Und wir werden sie nicht überzeugen können, dass wir unsere Sicherheit nur in uns selbst finden können. Zu dieser Überzeugung muss jeder im Laufe seines Lebens selber gelangen.

Wir haben die Freiheit der Wahl, welch' großartige Einrichtung.

Die Verhältnisse haben ihre Daseinsberechtigung. Ich muss lernen, sie so anzunehmen, wie sie sind.
Aber ich habe die Macht, mich selber zu verändern, ich kann mich entwickeln und mich unendlich ausdehnen, denn wie jeder Mensch habe ich seit meiner Geburt ein unbegrenztes Potential in mir, das nur auf seine Entfaltung wartet.

Ein Potential, das nur durch die Grenzen in unseren Köpfen und unsere selbst gewählten Abhängigkeiten und selbst gewählten Gefängnisse nicht zur Entfaltung kommt.

In dem Maße, in dem ich mich entwickele und verändere, verändert sich zugleich die Welt um mich herum.
Wir spüren dieses jeden Tag.

Zu Zeiten, als wir stark an unseren Egos gearbeitet haben, begegneten uns ständig Menschen, die ein Ego-Problem hatten. Sie spiegelten uns, und ermöglichten uns damit schließlich unsere Transformation.
Als wir mit der Aufarbeitung der Konflikte zwischen uns und unseren Eltern beschäftigt waren, als wir die Familienstrukturen bearbeiteten, trafen wir viele Menschen, die zwischen Zorn und Schuldgefühlen, zwischen Ablehnung und Abhängigkeit zu den Eltern standen und maßlos darunter litten. Menschen, die es sich nicht zutrauten, endlich erwachsen zu werden, sich aus der Klammer – ja dem Würgegriff der elterlichen Fürsorge herauszuwinden, um den Eltern schließlich zu spiegeln, dass sie es irgendwann versäumt hatten, ihre Kinder loszulassen, um ihnen die Gelegenheit zu geben, sich zu eigenverantwortlichen und selbstbewussten Menschen zu entwickeln.

Romeo – 2002

Als wir sehr mit Angst, speziell Versorgungsangst beschäftigt waren, kamen Menschen mit Versorgungsangst zu uns, bis wir zuletzt erkennen mussten, dass wir es sind, die sich versorgen müssen. Niemand im Außen kann uns versorgen, so dass wir satt werden, d.h. zufrieden und glücklich sind.

Wir können gelassen daran gehen, unsere Themen zu bearbeiten, denn das nächste wartet bereits.

Die Versorgung im Außen lässt einen Sog entstehen, so dass wir immer mehr brauchen, um auch nur kurzfristig annähernd zufrieden zu sein. Jeder wird dieses Gefühl kennen gelernt haben. Ein Frustkauf gibt kurze Zeit Ruhe, um dann nur ein größeres Gefühl der Leere entstehen zu lassen.

Es ist überhaupt so, dass wir das ernten, was wir selber irgendwann zuvor ausgesät haben. Säen wir Zorn und Hass, werden wir das gleiche zurückbekommen. Säen wir dagegen Liebe, werden wir Liebe ernten.

Da das Aussäen und das Ernten immer zeitversetzt erfolgen, sind die Zusammenhänge nicht ohne Weiteres zu erkennen, aber sie sind vorhanden, davon sind wir überzeugt.

Wir sind mit der ganzen Welt energetisch verbunden, und jeder von uns, der sich entschließt, positive Energie auszusenden und zu leben, der verbessert das Energieniveau der ganzen Welt. Es stimmt nicht, dass wir nichts verändern können, dass wir persönlich absolut machtlos den bestehenden Gegebenheiten ausgeliefert sind.

Wir sind ein Teil des Ganzen. Wichtig genug, aber auch nicht wichtiger.

Praxis Plus Seminar – 2006

Und wir ziehen andere Menschen, mit denen wir in Resonanz gehen, magisch an.
Jeder hat doch schon festgestellt, dass er immer genau die Bücher und Informationen bekommt, die Menschen trifft, die ihm Impulse geben, immer ein kleines Stückchen weiter zu kommen.
Genau das wollen wir mit diesem Buch bewirken.
Ach ja, und die Schuld. Dieses Thema darf hier nicht fehlen. Die Schuld ist vor langer Zeit erfunden worden, um den weltlichen und religiösen Herrschern ein Mittel in die Hand zu geben, ihre Untertanen schön klein zu halten.
Schuldgefühle bestimmen unser ganzes Leben. Wenn wir einmal schauen, wie unterschiedlich die Schuld, die Moral, die Gesetze an verschiedenen Orten der Welt aussehen, wie sie interpretiert werden und wie unterschiedlich diese Regeln auf verschiedene Personengruppen angewendet werden, dann ist das Schuldkonstrukt schon allein deshalb fragwürdig.
Wie viele Religionen haben Gott missbraucht, nur um ihre eigene weltliche Macht zu manifestieren? Wie viel Scheinheiligkeit müssen wir noch ertragen, bis wir uns von dieser Geißel endlich lösen können?
Wir sind mittlerweile davon überzeugt, dass es in diesem Universum keine Schuld gibt, nur Aktion und Reaktion. Und die Wertung darüber ist immer abhängig vom jeweiligen Standpunkt und der Interessenslage des Beobachters.

Wenn zum Beispiel jemand in unserer Gegenwart *schlecht* mit seinem Pferd umgeht, so können wir getrost davon ausgehen, dass er es einfach noch nicht besser

Gaby & Philippo – 2003

weiß, ansonsten würde er es nicht tun. Er ist deswegen nicht schlechter als wir, denn wir sind auch nicht allwissend auf die Welt gekommen. Durch Ablehnung schaffen wir Fronten, Hass oder Distanz. Können wir liebevoll auf einen solchen Menschen zugehen, wird er unsere Intention spüren und sich viel eher helfen lassen.

Gelassenheit, Verständnis, Liebe

Das ist die Umsetzung des Pferdisch Prinzips.

Gaby & Philippo – 2003

Vom Nutzen des Pferdisch Prinzips

Elke & Elke mit Gini – 2005

Der Nutzen ist es, der eine Idee von der bloßen Ideologie zu einem anwendbaren Prinzip erhebt.
Es gibt sehr viele theoretische Ansätze, um die Probleme unserer Welt lösen zu können, wenn denn alle mitmachen würden.
Und regelmäßig fragen wir uns: »Was kann ich selber denn tun?« Da wir keine Einflussmöglichkeit erkennen können, da wir es für sinnlos erachten, uns für eine Idee zu engagieren, wenden wir uns schließlich wieder von ihr ab.

Anders ist es bei der Umsetzung des Pferdisch Prinzips.
Jede kleinste Umsetzung bringt uns sofort einen persönlichen Gewinn und verändert zugleich etwas im Umfeld zum Positiven.

Jede kleinste Umsetzung des Pferdisch Prinzips bringt uns sofort einen persönlichen Gewinn.

Die Erkenntnis, das Bewusstsein, das sich ändert und entwickelt, ist die eine Seite der Medaille.
Wenn es dabei bleibt, ist es jedoch wie mit der Erkenntnis, dass es eigentlich besser für uns wäre, wenn wir künftig nicht mehr rauchten. Was fehlt, ist der zweite Schritt, die zweite Seite der Medaille gewissermaßen: Wir müssen etwas TUN.

Also etwas praktisch umsetzen, etwas verändern, etwas faktisch manifestieren, damit wir nicht mehr *rauchen*.
Etwas verändern bedeutet praktisch, etwas zu tun, was wir zuvor nicht getan haben oder etwas zu unterlassen, was wir vorher getan haben. Nur darauf erstreckt sich unsere Freiheit der Wahl.

Und das unterscheidet das Pferdisch Prinzip von Ideologien: Hier hilft das Medium *Pferd* uns etwas zu TUN, etwas zu verändern, halt zu wachsen!

Wir werden deshalb vom Transfer des Pferdisch Prinzips ins ganze Leben wieder zur Möglichkeit der Umsetzung im Umgang mit den Pferden zurückkehren.

Einheit Mensch-Pferd

Mit dem Pferd zu einer Einheit zu verschmelzen, ein einziger Körper zu werden, dieser Traum ist dem uralten Traum des Menschen, fliegen zu können, gleichzusetzen.

Eine Einheit mit dem Pferd zu bilden, setzt voraus, dass wir selber eine Einheit sind, dass wir in uns sind.

Ein hohes Maß an Einfühlungsvermögen, tiefe Erkenntnisse über uns selber, aber auch über das Wesen des Pferdes, sowie die Fähigkeit loszulassen und frei von Angst im *Hier* und *Jetzt* agieren zu können, bringen uns an dieses Ziel.

Heike mit Winnie – 2003

Es zu erreichen bedeutet, dass die Beine des Pferdes unsere Beine werden, dass die Kraft des Pferdes unsere Kraft wird, dass seine Balance unsere Balance wird, dass die Eleganz des Pferdes unsere Eleganz wird und dass die

Rasmus mit Pretendida – 2004

Gelassenheit und Hingabe des Pferdes unsere Gelassenheit und Hingabe wird. Mit dem Ergebnis, dass wir uns in einer Art und Weise bewegen können, wie es uns ohne unseren Partner Pferd niemals möglich wäre.
Es ist eine neue Dimension, die wir uns und unserer Wahrnehmung hier erschließen, ähnlich, wie beim Tauchen oder Fliegen.
Eine Einheit mit dem Pferd zu bilden, setzt voraus, dass wir selber eine Einheit sind, dass wir in uns sind, uns spüren, unsere Gliedmassen, unsere Balance, dass wir das Pferd fühlen können, uns in das Pferd einfühlen können und dem Pferd die Möglichkeit geben, sich auch in uns einfühlen zu können, indem wir in uns und wahrhaftig sind.

Dann kann es zu der oftmals beschriebenen Harmonie kommen, die vielleicht jeder schon einmal sekundenlang gefühlt hat und nach der sich jeder sehnt, der mit Pferden umgeht.

Sabine mit Alissa – 2004

Es gibt Dinge, die kann man nicht beschreiben. Die Harmonie gehört dazu.

Wir haben dieses Gefühl durch die Umsetzung des Pferdisch Prinzips erlebbar gemacht. Wir haben es für uns erschlossen, wir fühlen es, erleben es, genießen es. Wir kennen die tiefe Befriedigung, die davon ausgeht, die Kraftquelle, den Trost und die Freude. Und wir haben es vermittelbar gemacht, wir können es lehren. Aber welche Worte können das rüberbringen, wirklich nachfühlbar machen?

Uns fällt ein Erlebnis ein, welches Friedhelm anlässlich des Besuchs einer Tangoveranstaltung in Buenos Aires im *Teatro Alvear* hatte, das er unmittelbar danach aufgeschrieben hat.
Dieses Erlebnis aus einem anderen Bereich macht deutlich, was es heißt, mit dem Pferd zu einer Einheit zu verschmelzen:

Ein Orchester aus sieben Musikern, von denen jeder einzelne ein begnadeter Solist war, spielte im Hintergrund auf der Bühne und war meistens zu sehen. Davor, durch moderne Bühnentechnik perfekt inszeniert, tanzten in wechselnder Zusammensetzung und in beeindruckenden Kostümen zehn Tänzer abwechselnd in atemberaubender Manier Tango.
Der Tango bringt nach meinem Empfinden zum Ausdruck, dass zunächst der Macho eindeutig führt, seine Dominanz ist unübersehbar, während die Partnerin sich scheinbar absolut unterordnet. Dabei emanzipiert sie sich fortschreitend in einer Art und Weise, die begeisternd ist. Zuletzt verschmelzen beide Tänzer zu einer Vereinigung, die von den Schrittfolgen her wahrhaftig athletisch, von der Ausstrahlung aber absolut sinnlich und höchst erotisch anmutet.
Während der gesamten Vorstellung, bei der das Publikum immer wieder in Begeisterungsstürme ausbrach, drängt sich mir immer mehr der Vergleich zur Beziehung Mensch/Pferd auf.
Auch hier hat der Mensch im Idealfall zunächst die dominante Rolle, die sich im Respekt des Pferdes ihm gegenüber ausdrückt. Bei zunehmender Vertrauensausbildung ergibt sich manchmal ebenfalls die absolute Verschmelzung beider Wesen,

Nicole mit Neoh – 2003

die keiner Dominanz mehr bedarf, die sich einfach als totale Harmonie empfinden lässt, wobei jeder nur noch gibt, nichts mehr fordert und dafür doch alles geschenkt bekommt.
Das ist der Moment, wobei ich als Reiter zugleich Pferd bin und fühle, wie ich meine vier Beine setzte.
Das ist das intensivste Erlebnis im Zusammenhang mit Pferden, das ich kenne.
Der Abend beim Tango hat mir diese Parallele überdeutlich gemacht.

Wahrnehmungsschulung

Die intensivste und effektivste uns bekannte Wahrnehmungsschulung unserer Gesamtheit können wir durch die Klangschalen erfahren. Sie bringt nicht nur zutage, wer und was wir sind und was wir wollen (wofür wir eigentlich hier sind), sie lässt uns auch unseren Körper wieder in einer fast vergessenen Ganzheit erleben, lässt uns in einer Vollkommenheit fühlen, wie wir sie seit frühester Kindheit nicht mehr gespürt haben.

Sich wahrnehmen heißt zu SEIN.

Jeder Angstzustand, jede Blockade, jedes als schlimm empfundene Erlebnis schnürt uns unsere Energiezufuhr immer mehr ab, lässt zu, dass ganze Bereiche unseres Körpers förmlich von uns abgekoppelt werden, nicht mehr fühlbar und kaum mehr beeinflussbar sind.

Doris & Friedhelm mit Felix – 2006

Friedhelm & Romy – 2003

Wir bewegen uns immer mehr gesteuert von Ängsten und Hemmungen. Wir werden immer künstlicher, steifer, immer abhängiger von der Bewertung anderer, sind immer weniger in uns.
Von daher stellt die Wahrnehmungsschulung in der Pferdisch Ausbildung einen wesentlichen Aspekt dar.

Fühlen, spüren, sich wieder genießen

Die Wahrnehmungsschulung beginnt mit der Eigen- und Fremdwahrnehmung am Boden. Wie bewege ich mich, bewege ich mich überhaupt? Wie müsste ich mich bewegen, um etwas für mich zu erreichen?
Wo stehe ich mit meinen Bewegungsmöglichkeiten, mit meiner Körperkoordination, mit meiner Ausdruckskraft, mit meinem Willen, meiner Überzeugungskraft, mit meiner Power und meinem Mut?
Erst wenn ich mich in meinem ureigensten Element, also auf dem Boden quasi *sattelfest* fühle, folgt die Wahrnehmungsschulung auf dem Pferd. Das geschieht zunächst ohne Sattel, danach mit Sattel, jedoch erst ohne Steigbügel und Zügel. Es wird ein sicheres Gefühl für eine natürliche Balance entwickelt bzw. wiederhergestellt. Dabei wird in fühlbarer Abgrenzung zur

Julia & Anna, Jakob & Lukas – 2003

Disbalance ein neues Balancegefühl im Unterbewusstsein angelegt. Danach kann unser Unterbewusstsein in Kurven sofort die Balance zwischen innen und außen, zwischen vorne und hinten herstellen, sprich ständig den Mittelpunkt erfühlen und uns helfen, den Schwerpunkt über dem Pferd zu erfühlen und zu erhalten. Anschließend kommen die Steigbügel hinzu. Es geht bei Pferdisch immer nach dem Prinzip

Vom Alten zum Neuen

Es kommt immer nur ein neues Element hinzu, damit der Reiter nicht überfordert wird und sich darauf konzentrieren kann.
Er lernt nun, den Druck unter den Fußballen in den Steigbügeln zu spüren und zu beeinflussen, in Korrespondenz mit dem Druck unter seinen Sitzbeinhöckern.

Es ist unglaublich, was MICH alles ausmacht.

Nadine & Andrea mit Gundel – 2006

Wie fühlt sich währenddessen seine Achillessehne an, was ist mit der Wadenmuskulatur, was mit den Fußgelenken, wo sind die Knie, sind die Oberschenkelmuskeln angespannt oder locker? Was ist mit der Hüfte, ist sie aufgerichtet oder nicht? Was ist mit dem Rücken, sitze ich im Hohlkreuz oder nicht?
Neige ich mich in Kurven zur Seite oder drehe ich mich um meine eigene Achse? Wohin richte ich meinen Blick?
Was passiert mit meinen Händen und Armen? Ist das jeweils bewusst und gesteuert oder eher unbewusst? In welche Richtung gehen meine Hände/Arme dabei?
Zur Wahrnehmungsschulung gehört auch die verwendete Ausrüstung, wie wirken sich die verschiedenen Gebisse aus, was nehme ich davon über den Zügel wahr, wie reagiert das Pferd jeweils? Rollt es sich ein, gibt es wirklich nach, versammelt es sich oder gibt es nur im Genick nach?
Hat der Sattel Halt, beengt er das Pferd irgendwo? Behindert er die Bewegungsfreiheit der Schulter? Liegt er zu weit vorne oder hinten? Beengt er den Reiter in seinen Bewegungen?
Wie setze ich meine Schenkel ein, wie weit muss ich meine Füße eindrehen, um die entsprechenden Partien für die Beeinflussung von Vorhand bzw. Hinterhand tatsächlich zu erreichen?

Die Natur zu erfahren, heißt, mich selber zu erfahren

Zur Wahrnehmungsschulung gehört weiterhin der jeweilige Untergrund, also Sand, Gras, Steine, Strasse, Matsch, Glätte, Schnee etc.

Jörg mit Neoh – 2002

Michael mit Neoh – 2002

Anne mit Guiness – 2004

Es ist ein großer Unterschied, auf den jeweiligen Untergründen zu reiten. Jeder Boden hat seine Erfahrungsmöglichkeiten, Vor- und Nachteile.
Beispielsweise wird sich unser Pferd im Galopp auf nassem und matschigem Boden in perfekter Selbsthaltung versammeln, ohne dass wir etwas dazu tun müssten. Eine großartige Erfahrung. Die Grenzen des jeweils unter Berücksichtigung der Sicherheit für Reiter und Pferd Machbaren zu erfahren und zu erfühlen, ist eine wichtige Erkenntnis.
Der Reiter muss weiterhin erfahren und fühlen lernen, wie sich die eigene Unsicherheit

Christine & Rasmus mit
Kilate & Pretendida – 2004

Sabine mit Alissa – 2004

und Unruhe auf das Pferd überträgt, wie aber auch Ruhe und Gelassenheit dem Pferd Sicherheit und Vertrauen zu uns vermitteln. Dabei ist es ein wichtiger Aspekt, dass wir dem Pferd vertrauen, denn das spürt das Pferd und verhält sich entsprechend verantwortungsbewusst.
Gelingt es dem Reiter schließlich, die hier beispielhaft genannten Aspekte zu erfühlen, ist die Grundlage geschaffen, um zu erlernen, sie schließlich gezielt zu beeinflussen.

Wir erleben immer wieder, wie verblüfft Menschen sind, wenn sie fühlen, mit welch kleinsten gezielten Impulsen sie große Resultate erreichen können, während sie früher mit sehr starken Hilfen nur Gegendruck/-zug erzielt haben, ohne dass wirklich das angestrebte Ziel erreicht worden wäre. Die größte Überraschung bereitet aber die Erkenntnis, wie wenig Hilfe notwendig ist, um ein Pferd perfekt in Richtung und Tempo steuern zu können. Es gilt:

Soviel wie nötig, so wenig wie möglich!

Um das jedoch wahrnehmen zu können, ist es erforderlich, die Körperwahrnehmung wieder zu sensibilisieren.

Offen sein für neue Möglichkeiten

Auch bei dem Pferd spielt die Schulung seiner Wahrnehmung eine große Rolle, muss es sich doch in seiner Gesamtheit erst erfahren lernen. Abgesehen von der Ausbildung des Pferdes am Boden und unter dem Sattel, unterstützt auch eine besondere Form der Pferdemassage die Körperwahrnehmung des Pferdes.

Christine mit Pretendida – 2002

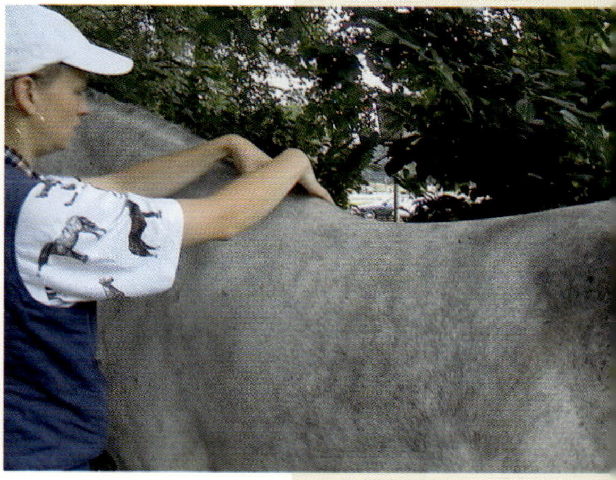

Energetische Pferdemassage

Das Pferd ist ein guter Beweger und besteht bis zu 45% aus Muskeln. Die Pferdemassage verbessert Bewegungsabläufe und beseitigt muskel-bezogene Probleme. Basierend auf der Sportpferdemassage entwickelt von Mary Schreiber (Equissage®) haben wir diese Körpererfahrung für Pferde weiterverfolgt. Diese Art der Massage hat etwas Energetisches. Es werden Blockaden gelöst, Erinnerungen im Muskel gelöscht und die Durchblutung angeregt, die auch zur Heilung von muskel- oder gelenkorientierten Verletzungen beiträgt.
Die rhythmische Ganzkörpermassage, die das Pferd von Kopf über Hals und Rumpf bis zur Hinterhand und den Beinen verbindet, hilft dem Pferd, sich zu entspannen und lässt blockierte Energiebahnen wieder fließen. Das Pferd konzentriert sich im Verlauf der Massage auf die verschiedenen Bereiche seines Körpers und bekommt so ein ganzheitliches Körpergefühl. Abgesehen davon erhält das Pferd eine bessere physische Kondition.
Die Intention des Masseurs und die 100%ige Konzentration spielt dabei eine große Rolle. Während der Behandlung entsteht eine energetische Verbindung zwischen Pferd und Masseur.
Der Masseur lässt sich dabei ganzheitlich auf das Pferd ein, und diese Verbindung ermöglicht schließlich die Heilung des Pferdes.

Eine Vielzahl von verschiedenen Handgriffen und Techniken, die wir mit zunehmender Erfahrung ständig weiterentwickeln, hilft nicht nur in einer Kurzanalyse, Schmerzpunkte und Blockaden in der Muskulatur des Pferdes aufzuspüren, sondern ermöglicht es darüber hinaus, diese auszuleiten.
Wir sind immer wieder erstaunt, dass manchmal eine einzige Behandlung genügt, um chronische, bereits lange existierende Beschwerden bei Pferden aufzulösen. Wir nutzen die energetische Pferdemassage u.a auch als Ausschlussverfahren in der Problemanalyse oder auch um die Auswirkungen von schlecht passender Ausrüstung, insbesondere Sätteln zu diagnostizieren.
Wir spüren, dass zwischen der Klangschalenmassage und der energetischen Pferdemassage Gemeinsamkeiten bestehen. Wir haben die beiden Methoden bereits miteinander verknüpft und möchten in Zukunft eine Fortbildung anbieten, um dieses Können an andere zu vermitteln.

Händeln und Schulen des Pferdes am Boden

Die Bedeutung der Bodenarbeit im Rahmen des Pferdisch Prinzips wurde bereits mehrfach herausgestellt. Bodenarbeit ist jeglicher Umgang mit dem Pferd, sofern wir es nicht gerade reiten/fahren.

Bis auf die kurze Zeit, die wir oben sitzen, ist alles Bodenarbeit.

Bodenarbeit ist jeder Umgang mit dem Pferd am Boden:

- Das Betreten der Box, des Paddocks, der Weide unter Beachtung der Rangordnung der Herde;
- das Aufhalftern, Führen, Putzen des Pferdes;
- das Aufheben und Bearbeiten der Hufe;
- die Behandlung des Pferdes von Tierarzt/Hufschmied;
- das Satteln und Anlegen der Trense; das Versorgen des Pferdes nach dem Reiten;
- das Füttern des Pferdes in der Box oder draußen, zusammen mit seinen Art genossen unter Beachtung der Rangordnung der Herde;
- das Verladen des Pferdes in einen Pferdeanhänger oder Transporter inklusive Verladetraining;
- das Führen des Pferdes als Handpferd im Gelände;
- das Schulen des Pferdes am Boden, um zunächst ein Respekt-/Vertrauensver hältnis zu erlernen, sodann zu lernen, seinen eigenen Körper wahrzunehmen, um dann die sichere Balance auf zwei Spuren in allen erdenklichen Bewegungs richtungen einzunehmen und bei Störungen wiederherstellen zu können.

Wir müssen uns bewusst sein, dass wir als Reiter – und seien wir noch so fortgeschritten – ein Handicap für das Pferd sind. Das Pferd muss lernen, sich trotz dieses Handicaps sicher und komfortabel bewegen zu können, erst dann ist seine Wahrnehmung offen für unsere Kommunikation mit ihm.
Solange das Pferd damit beschäftigt ist, für sich selber zu sorgen, nimmt es uns nicht wahr.
Wir bilden Pferde zum weitaus größten Teil am Boden aus. Ehe wir in den Sattel steigen, hat das Pferd in der Bodenarbeit alles kennen gelernt, was es als Reitpferd können/wissen muss, wie in dem später folgenden Kapitel *Jungpferdeausbildung* beschrieben (siehe auch Buch »Ausbildung & Korrektur«).
Wir machen seit Jahren immer wieder die Erfahrung, dass am Boden geschulte Pferde ein besseres Körpergefühl, eine bessere Eigenwahrnehmung haben, als ungeschulte Pferde. Die Bodenarbeit macht die Pferde selbstbewusster, mutiger, ranghöher in der Herde.

Wer sich ausdehnen will, muss bereit sein, immer weiter zu wachsen.

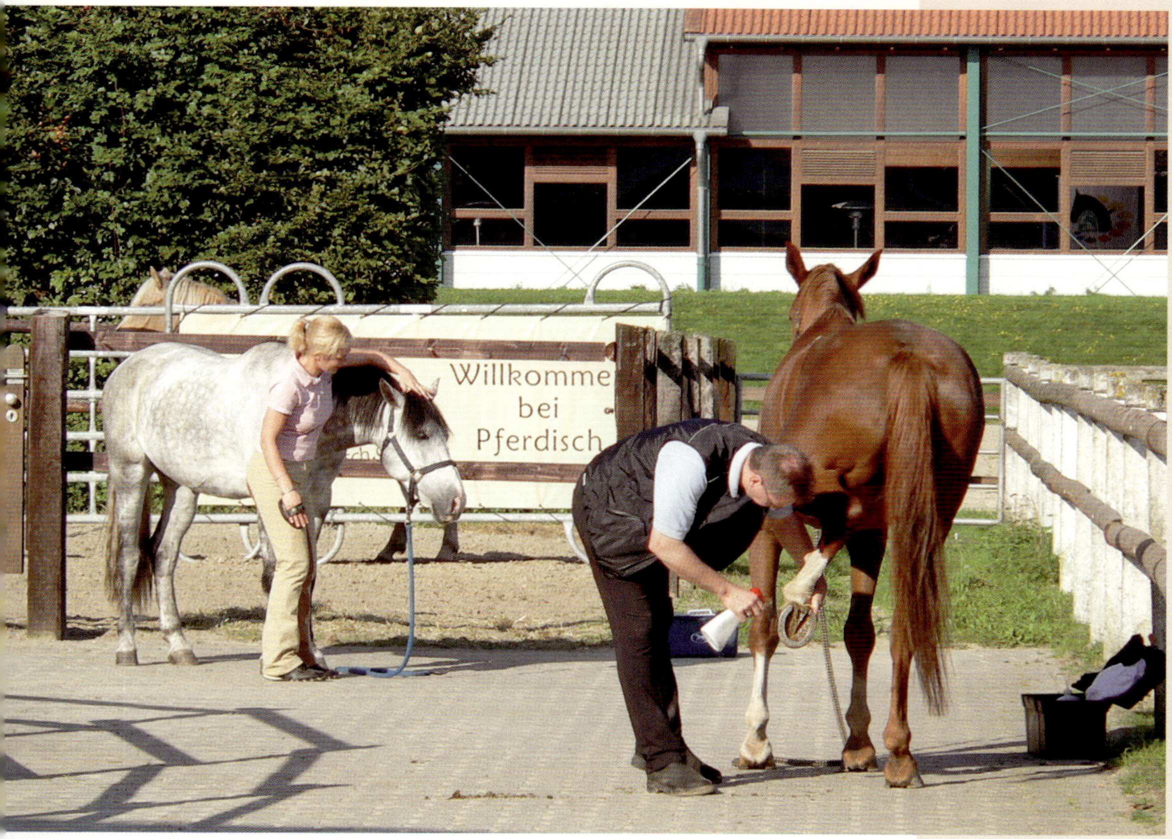

Elke & Rüdiger mit Manolito & Sunny – 2006

Renate mit Gini – 2003

Marion mit Amigo – 2003

Bodenarbeit hilft, Boden gut zu machen – in allen Lebensbereichen.

Der Mensch sollte mit seinem Pferd wachsen, ansonsten stellt es ihn nach seiner Ausbildung möglicherweise vor das Problem, dass die gebotenen Lektionen seines Besitzers ihm zu langweilig, zu wenig anspruchsvoll und zu wenig abwechslungsreich sind ... oder aber, dass das Pferd ihn nicht versteht bzw. etwas anderes tut, als er erwartet.
Jeder hat ein unbegrenztes Potential, auch die Pferde. Wir sind immer wieder überrascht, was in so manchem unscheinbaren *Freizeitpferd* alles steckt, und was in manchem *Freizeitreiter* so alles steckt.

In der Bodenarbeit lernen wir mehr über uns selber, aber auch über das Pferd. Wir lernen, die Grenzen zu erkennen und zu erfühlen, die unsere Erziehung uns gesetzt hat oder die wir uns selbst setzen. Und wir lernen, diese Grenzen zu überschreiten, wir wachsen daran, wir entwickeln uns, wir machen uns frei.

Wir lernen, den Pferden und anderen Menschen einen Rahmen zu setzen und die Einhaltung der Grenzen einzufordern. Einen Rahmen, der uns den notwendigen Freiraum verschafft und unserem Pferd/Menschen Vertrauen und Sicherheit vermittelt. Wir lernen, was Respekt ist, wir erkennen, wenn uns ein Pferd oder ein Mensch den kleinen Finger abnehmen will und steuern rechtzeitig dagegen, ehe der ganze Arm weg ist. Wir wachsen zur Respektperson, die aber zugleich Vertrauen ausstrahlt und auch Vertrauen zu Pferden/Menschen hat – wir erwachsen zur Autorität.
Und wir erlangen durch die Bodenarbeit ein neues Verständnis für die Kreatur Pferd. Ein Wesen, das nicht nach menschlichen Kriterien funktioniert und auch niemals funktionieren wird. Wir lernen, wie fatal es sich auswirkt, wenn wir uns einschmeicheln, um uns die *Liebe* unseres Pferdes (unserer Menschen) zu erkaufen.
Was wir mit viel Wissen über die Natur des Pferdes, mit viel Selbsterkenntnis, Fingerspitzengefühl und

absoluter Konsequenz erreichen können, ist, dass unser Pferd uns sowohl vertraut als auch respektiert. Pferde sind Pferde und leben nach eigenen Gesetzmäßigkeiten. Versucht jemand, Kinder durch sie zu ersetzen oder sie zu Kuscheltieren zu machen, muss das scheitern. Ein Pferd wird uns niemals im menschlichen Sinne *lieben*. Wir müssen uns bewusst machen, dass auch die menschliche Liebe in der Regel nicht die wahrhaftige, absichtslose Liebe ist, sondern dass sie meistens an Bedingungen geknüpft ist.

Ich liebe dich, wenn du etwas Bestimmtes für mich tust oder nicht tust, wenn du mich ergänzt, mir Sicherheit gibst, mich versorgst. In der absichtslosen Liebe hingegen gibt es keine Ansprüche, keine Erwartungen, somit keine Enttäuschung und schon gar keine Eifersucht.

Bodenarbeit zeigt mir, ob ich wirklich zu mir stehe.

Wir müssen uns deutlich machen, was es heißt, das Pferd zum Beispiel durch die Gabe von Leckerli an uns zu binden. Wer glaubt, dass das so konditionierte Pferd ihn liebt, der irrt gewaltig. Er merkt dieses spätestens, wenn er die Leckerli mal vergisst oder absetzt. Schmeißfliegen sind nichts gegen das Verhalten in dieser Weise konditionierter Pferde. Das Einschmeicheln in der Absicht, die Liebe seines Pferdes zu gewinnen, funktioniert erstens nicht, außerdem findet es garantiert auch sein Pendant im Umgang mit Menschen. Ein jeder mag mal darüber nachdenken. Meistens ist es ein Entwicklungsprozess, in dessen Verlauf der Einsatz von Leckerli

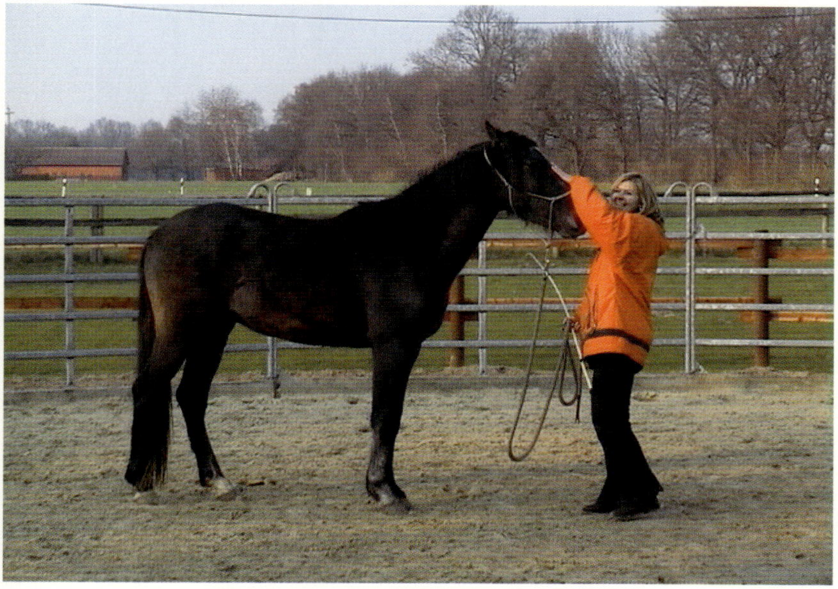

Brigitte mit Cariño – 2004

Nicole mit Neoh – 2003

eine vorübergehende Phase darstellt. Auch wir haben unsere Erfahrungen damit gemacht. Das ist der Grund, warum wir so dringend davon abraten.

Die Bodenarbeit dient schließlich auch der Gymnastizierung und der Desensibilisierung des Pferdes. Alle Bewegungsabläufe, die das Pferd als Reittier kennen sollte, vermitteln wir ihm zunächst ohne das Handicap Reiter am Boden. Der Kreativität sind dabei keine Grenzen gesetzt. Das Pferd lernt, nachdem es ausbalanciert auf zwei Spuren laufen kann, sich in freier Selbsthaltung in seiner Längsachse zu biegen, wobei es seinen Kopf natürlicherweise nach einwärts/abwärts stellt. Es ist selbstverständlich, dass das ohne jegliche technische Hilfsmittel geschieht. Der einzige Auslöser ist die Körpersprache des Menschen, auf die das Pferd reagiert.

Hat es erst einmal gespürt, dass eine niedrige Kopfhaltung und eine bequeme Beizäumungshaltung ihm die Versammlung enorm erleichtert, wird es künftig diese Haltung von sich aus einnehmen, vorausgesetzt, es wird in seiner Balance nicht gestört. Läuft das Pferd auf gebogener Linie, wird es geschult, zum Beispiel den Zirkel zu vergrößern und zu verkleinern, in dem es vorwärts/seitwärts geht.

Michael & Nicole mit Neoh – 2003

Selbst das Schulterherein kann am Boden geschult werden. Wir möchten sogar behaupten, dass wir ein Pferd nach dem Pferdisch Prinzip allein in der Bodenarbeit perfekt gymnastizieren können.

Dabei arbeitet das Pferd kooperativ mit. Es gibt keinen Druck oder Zug, gegen den es ankämpfen könnte. Mit großer Freude beobachten wir immer wieder, dass solcher Art geschulter Pferde sich in der Herde auf der Weide anders bewegen, als ihre ungeschulten Artgenossen. Diese Pferde werden jedoch auch dominanter und anspruchsvoller. Oftmals klettern sie in der Herdenhierarchie nach oben. Der Besitzer solcher Pferde benötigt Ideenreichtum und Kreativität, um sein Pferd immer wieder mit neuen Herausforderungen zu motivieren. Ein langweiliges, immer gleiches Trainingsprogramm ist allen Pferden ein Gräuel, aber Pferde, die in der beschriebenen Art und Weise geschult wurden, werden sich gegen öde Langeweile zur Wehr setzen. Jeder sollte sich genau überlegen, ob er das Potential seines Pferdes wirklich fördern will. Allerdings bereiten dem Reiter solche Pferde soviel Freude und Glück, dass auch er selbst in Harmonie mit ihnen sein eigenes Potential ausleben kann.

Wir können dem Pferd nur eine Idee geben. Von da an entwickelt es sich selber.

Übersensibilität entsteht oft, wenn unser Verhalten für das Pferd nicht berechenbar ist. Sie ist oft ein Zeichen von Angst bzw. fehlendem Respekt.

Der Desensibilisierung von Pferden sollen noch einige Worte gewidmet werden. In den vergangenen Jahren haben wir sehr viele ausgesprochen sensible Pferde, überwiegend Araber, ausgebildet oder korrigiert.

Vielen dieser Pferde war gemeinsam, dass sie übersensibel, wenn nicht sogar hysterisch auf den Reiterschenkel reagierten. Diese Pferde desensibilisieren wir meistens im Rahmen des Bodenarbeitsprogramms, das bei uns jedes Pferd durchläuft.

Es ist ein Prinzip dieser Arbeit, dass das Pferd oft und ausgiebig gelobt wird. Manchmal darf es minutenlang ausruhen, ehe mit der Schulung fortgefahren wird. Diese Phasen verwenden wir auch, um das Pferd in allen, tatsächlich in allen Körperpartien zu desensibilisieren. Zunächst geschieht das im vorderen Drittel des Pferdes, also von Brust bis Widerrist und Gurtlage, wobei wir Kopf und Hals aussparen. Dann folgt die Partie vom Widerrist bis hinter die Ohren, dann zwischen den Ohren die Nasenlinie bis zu den Nüstern hinunter, dann die Kinngrube und schließlich das ganze Gesicht. Dann folgen die Vorderbeine, dann der Mittelteil des Pferdes (Rücken, Flanken, Bauch) und zuletzt die Hinterhand inklusive Hinterbeine.
Das Pferd wird zuerst fest abgestrichen, und zwar immer mit dem Fellwuchs. Dann wird die Berührung verfeinert, bis zu einem leichten Streicheln. Duldet das Pferd dieses am ganzen Körper, beginnen wir mit einem sanften Abklopfen, mit Ausnahme des Kopfes. Die Gurt- und Schenkellage des Reiters wird im Anschluss daran mit den Fingerspitzen straff massiert und schließlich kräftig mit der flachen Hand geklopft.
Um das Pferd später reiten zu können, ist die Desensibilisierung unverzichtbar. Das Pferd muss dulden lernen, dass wir es überall anfassen dürfen. Ansonsten ist ein kontrolliertes und harmonisches Reiten unmöglich, denn das Pferd erhält seinen Rahmen später zum überwiegenden Teil über Gesäß und Reiterschenkel und die gesamte Tempokontrolle geschieht über unterschiedlichen Schenkelkontakt bzw. den Sitz.

Insofern kann man gar nicht früh genug mit einem dosierten Desensibilisierungstraining beginnen. Wir können nur empfehlen, die Pferde von Geburt an liebevoll und achtsam zu desensibilisieren und ihr Vertrauensverhältnis auszubilden. Die so geprägten Pferde lassen sich nicht nur überall anfassen und berühren, sondern sind überdies ausgesprochen nervenstark, haben ein ausgeprägtes Vertrauensverhältnis zu uns und verblüffen durch ihr Verhalten jeden Schmied, Tierarzt und Pferdedentisten.

Wir lernen, die Wahrnehmung des Pferdes nachfühlen zu können, lernen, wie seine Bewegungsmöglichkeiten in den verschiedenen Gangarten sind, wo die Grenzen sind.
Wir lernen, zu sehen, zu fühlen, zu verstehen, die Dinge selbst beurteilen zu können.

Das Pferdisch Prinzip macht selbstständig und unabhängig.

Das Pferdisch Prinzip macht selbstständig und unabhängig, halt kompetent und selbstbewusst. Wer es einmal verstanden hat, kann danach nicht mehr wegschauen, wenn er Pferde leiden sieht. Pferde, die ständig eingeschüchtert und im dauernden Angstzustand gehalten werden. Pferde die unterdrückt und vergewaltigt werden.
Ihm kann dann niemand mehr ein X für ein U vormachen. Er kann sich anderen gegenüber vertreten und auch behaupten. Er ist dann eine selbst bestimmte Persönlichkeit.

Brigitte mit Cariño – 2004

Jungpferdeausbildung

Durch unsere jahrelangen Erfahrungen in der Ausbildung sehr sensibler Pferderassen, konnten wir im Rahmen des Pferdisch Prinzips ein Konzept entwickeln und immer weiter verfeinern, um in sehr kurzer Zeit ohne Druck und absolut gewaltfrei, Jungpferde für ihre Bestimmung als Reitpferd auszubilden.

Es handelt sich um ein sehr durchdachtes und ausgereiftes, aber auch sehr komplexes Konzept, dem wir ein eigenes Buch gewidmet haben. Soviel sei hier an dieser Stelle gesagt:

Friedhelm mit Neoh – 2003

Christine & Friedhelm mit Norman – 2003

Wir arbeiten mit den Pferden zunächst am Boden, bis sie den Signalen mit Leichtigkeit folgen und sich auch bei Störungen wieder selbst ausbalancieren können. Dann führt einer von uns das Pferd wie gewohnt vom Boden aus, während der andere dem Pferd unterm Sattel die reiterlichen Hilfen vermittelt. Dabei folgt das Pferd zugleich der Körpersprache dessen, der es am Boden arbeitet. Der Mensch am Boden bildet das Vertrauen des Pferdes aus und veranlasst es mit vertrauter Körpersprache zu gewollten Bewegungsabläufen.

Christine & Friedhelm mit Farah – 2006

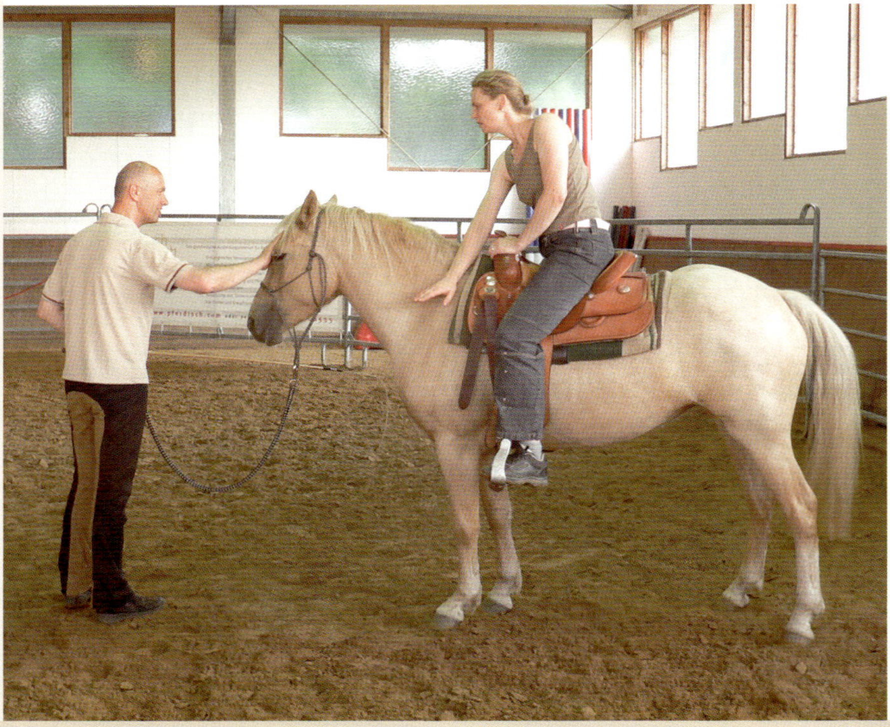

Junge Pferde brauchen Führung und Halt.

Die reiterlichen Hilfen, die das Pferd zugleich aus dem Sattel bekommt, gehen dabei direkt in sein Unterbewusstsein, denn es ist mit seiner Konzentration bei dem Menschen am Boden. Dieses Pferdisch Prinzip hat der Leser bereits beim Mentalen Training in der Anwendung mit Reitern kennen gelernt.

Sind die reiterlichen Hilfen dem Pferd schließlich ebenfalls vertraut, zieht sich der Mensch am Boden immer mehr zurück, bis er schließlich ganz aus dem Blickfeld des Pferdes verschwindet. Dann fordert der Reiter kurz den Respekt des Pferdes heraus und treibt es von oben. Von da an ist es ein Reitpferd. Es bedarf dann noch der weiteren Schulung, Gymnastizierung und Konditionierung.

Mit diesem Schulungsprinzip haben wir sensationelle Erfolge erzielt. Es ist sowohl für den Reiter als auch das Pferd absolut stressfrei. In dem Buch »Pferdisch Ausbildung & Korrektur – Kommunikation statt Konditionierung«, das im Februar 2007 im Müller Rüschlikon Verlag erscheint, haben wir den Gesamtkomplex Pferdeausbildung und Pferdekorrektur umfassend beschrieben und mit Fotos dokumentiert.

Reiten mit feinsten Hilfen

Reiten mit feinsten Hilfen bedeutet für uns, dass wir das Pferd möglichst wenig stören und behindern, so dass es in dem Rahmen, den wir ihm geben, sicher und zufrieden veranlasst wird, sich aus eigener Motivation unter uns zu versammeln, also unser Reitergewicht vermehrt mit seiner starken Hinterhand zu tragen, und auf feinste Impulse Richtung bzw. Tempo zu verändern, oder anzuhalten.

Wir sind des Pferdes Handicap. Darüber müssen wir uns klar sein.

Jasmin mit Luna – 2004

Christina mit Chexi – 2004

Ines mit Tammo – 2004

Michael mit Norman – 2003

Reiten mit feinsten Hilfen bedeutet für uns, dem Pferd eine ihm gerechte Ausrüstung anzulegen, die die Bedürfnisse des Pferdes in den Vordergrund stellt und nicht die Bedürfnisse menschlicher Egos.

Reiten mit feinsten Hilfen bedeutet für uns, dass Pferd und Reiter entspannt, locker, zufrieden und in mentaler sowie physischer Balance sind – nicht ab und zu, sondern nahezu immer.

Reiten mit feinsten Hilfen bedeutet für uns, das Pferd nicht zu überfordern, nichts von ihm zu verlangen, was ihm schadet, was es krank macht.

Reiten mit feinsten Hilfen bedeutet für uns, immer offen zu sein, uns zu entwickeln, niemals fertig zu sein, immer auf dem Weg zu sein.

Der geschmeidige Sitz

Viel ist bereits über den Sitz geschrieben worden. Zu allen Zeiten haben sich Pferdeleute damit befasst.

Wir haben uns sehr lange und ausgiebig mit diesem Thema beschäftigt.

Wir haben unsere Studien in Europa, Südamerika und den Vereinigten Staaten betrieben. Wir haben dabei mit Menschen gearbeitet, die von Kind an im Sattel sitzen.

Deren Meinung war uns wichtiger, als die der Sportreiter der verschiedenen Disziplinen. Erst wenn jemand in jeder Jahreszeit bei jedem Wetter über Jahrzehnte etliche Stunden am Tag im Sattel sitzt, wird er geneigt sein, alles was seinen Sattel und seinen Sitz betrifft, zu optimieren.

Die Erfahrungen und Erkenntnisse dieser unterschiedlichsten Menschen haben wir mit unseren eigenen Erfahrungen und Erkenntnissen verglichen, immer wieder aufs Neue hineingefühlt, korrigiert und verbessert.
Unsere eigenen Wurzeln liegen einerseits in der klassischen Reitweise (Dressur) und andererseits in der Westernreitweise (Reining).
Wir haben die Gemeinsamkeiten und die Unterschiede herausgearbeitet und immer wieder überprüft, bis wir schließlich allgemeingültige Kriterien herausgefunden haben. Daraus haben wir einen Sitz entwickelt, den wir über die Jahre vermittelt und gelehrt haben. Das Feedback von unseren Reitschülern hat es uns dann möglich gemacht, die Art und Weise der Schulung und Vermittlung immer wieder zu verbessern und zu verfeinern. Heute haben wir einen Sitz anzubieten, der ausgereift ist.
In dem Buch »Pferdisch Reiten – Pferdegerechte Kommunikation im Sattel«, erschienen im Müller Rüschlikon Verlag haben wir uns mit diesem Thema sehr ausführlich und praxisorientiert befasst.

Soviel sei aber hier gesagt:
Dieser Sitz ist pferdegerecht, das heißt, wir sitzen geschmeidig in der Bewegung des Pferdes und stören dieses möglichst wenig.
Und dieser Sitz ist rückengerecht, er schadet unserem Rücken nicht, sondern er stützt und stärkt ihn.
Dieser Sitz ermöglicht es dem Reiter, von sich aus Sättel und deren Sitzqualität – auch für das Pferd – zu beurteilen.

Erst, wenn wir im Leben stehen, können wir den richtigen Sitz finden.

Marion & Lysann mit Wanja – 2006

Friedhelm & Elke mit Gini & Manolito – 2006

Mit dem Pferd in Balance sein, heißt, mit seiner Bewegung im Fluss zu sein.

Viele Positionen, die der Reiter in den verschiedenen Situationen einnehmen möchte, lassen manche Satteltypen gar nicht zu.

Bei Pferdisch wird der Trab zu einer angenehmen Gangart. Schon sehr bald lernt der Reitschüler, den Trab ständig auszusitzen, und zwar ohne Rückenschmerzen. Die verschwinden, eine ausgeprägte Bauch- und Rückenmuskulatur bildet sich und stützt die Wirbelsäule des Reiters. Die Stöße der Erschütterung, die der Trab normalerweise verursacht, gehen nicht mehr bis in die Wirbelsäule durch. Der Reiter kann nach einigem Training ohne große Mühe einen zwei bis dreistündigen Trabausritt ins Gelände aussitzen, bergauf, bergab, und das mit Vergnügen.

Danach kann er leichttraben, wenn er es möchte, aber er wird es kaum mehr wollen. Die Erkenntnisse, die der Reiter in der Bodenarbeit gewonnen hat, sind Voraussetzung für ein ganzheitliches Verständnis, die Bewegungen des Pferdes in den verschiedenen Gangarten betreffend. Abgesehen von dem Bewegungsablauf ist auch die Herstellung und Erhaltung des Respekt-/Vertrauensverhältnisses durch die Bodenarbeit essentiell, da sich das Prinzip unter dem Sattel nahtlos fortsetzt.

Nur, wer verstanden hat, wie ein Pferd sich bewegt, was er aus Fußfolge, Takt, Schulterbewegung, Kopf- und Halshaltung schließen kann, hat auch die Möglichkeit, etwas zu verändern und zu verbessern.

Christine mit Chexi – 2004

Das Ziel der Sitzschulung ist neben dem Komfort des Reiters, dass dieser in seinem Schwerpunkt für das Pferd immer konstant und berechenbar über dessen eigenem Schwerpunkt sitzt. Erst dadurch wird die physische Balance des Pferdes hergestellt und erhalten. Und – wir erwähnten dieses mehrfach – die physische Balance ist Voraussetzung, dass das Pferd auch mental in seine Balance kommen kann.
Und dann ist es offen für die kleinen Signale und Impulse, halt für die Hilfen, die ihm vermitteln, was der Reiter von ihm möchte bzw. was er gerne gemeinsam mit ihm erleben möchte.
Wir möchten hier noch einmal den Fokus darauf richten, dass das ganze Pferdisch Prinzip ein Kreislauf ist. Es fängt nirgendwo an und hört nirgendwo auf. Alles ist gleichwertig und bedingt einander, wenn das hohe Ziel der *Einheit von Mensch und Pferd* erreicht werden soll.
An dieser Einheit ist das Pferd im Übrigen auch interessiert. Schon früh haben wir die Beobachtung gemacht, dass das Pferd von sich aus Bewegungsharmonie mit uns sucht.

Das Pferd ist an Bewegungsharmonie mit uns interessiert.

Wenn wir zum Beispiel nach Musik reiten, wird das Pferd alsbald genau im Takt gehen.
Wenn wir im Trab unsere Hüfte in einem schnelleren Takt bewegen oder aber verlangsamen, wird sich das Pferd augenblicklich unserer Bewegung anpassen. Wenn wir ein Handpferd mit Reiter führen, um mit diesem die Pferdisch Sitzschulung durchzuführen, dann sagen wir ihm die Schrittfolge seines Pferdes jeweils an, damit er seine eigenen Bewegungen entsprechend koordinieren kann. Sofort nimmt das Führpferd den gleichen Takt an.
Dieses Kriterium haben wir uns natürlich zunutze gemacht und beziehen es gewinnbringend in unser Konzept mit ein, so wie alle natürlichen Gegebenheiten rund ums Pferd.

In einem Punkt sind wir uns mit allen anderen Autoren zum Thema Sitz einig:

Ohne guten Sitz kein gutes Reiten.

Pferde lieben angstfreie, lockere, geschmeidige Reiter, die klare Hilfen geben und vertrauenswürdige Respektpersonen sind.

Steuern wie von Zauberhand und Tempokontrolle ohne Zügeleinwirkung

Wir werden an dieser Stelle noch einmal im Zusammenhang das Konzept von Steuerung und Tempokontrolle, sowie seine Entstehungsgeschichte schildern. Einige Beispiele mögen dem Leser bekannt vorkommen. Er möge es als komplexe Zusammenfassung verstehen.

Der Steuermann muss wissen, wo er hin will.

Wir haben in vielen Jahren eine neue pferdegerechte Kommunikation entwickelt, die auf den Bedürfnissen des Pferdes aufbaut. Diese Kommunikation haben wir in ca. 3.000 Einzelreitstunden verfeinert und perfektioniert. Es ist eine natürliche Reitweise, auf die jedes Pferd sofort dankbar reagiert, egal wie weit bzw. in welchem Reitstil es ausgebildet worden ist.

Zur Verdeutlichung möchten wir ein einfaches Beispiel darstellen:

Julia mit Ronja – 2003

Im herkömmlichen Reitunterricht (und so haben wir es auch einmal gelernt) weicht das Pferd dem Druck. Der linke Schenkel drückt (bzw. der linke Sporen) und das Pferd weicht (schließlich?) nach rechts.

Wir gehen einen anderen Weg. Bei uns folgt das Pferd dem weggehenden Druck:

Ich habe beide Waden mit einigen Gramm permanenten Drucks am Pferdebauch. Wenn ich den rechten Schenkel aufmache (indem ich ihn minimal ausdrehe) folgt das Pferd dem *aufmachenden* Schenkel und geht willig nach rechts.

Es ist wie Zauberei.

Das funktioniert auf Anhieb mit den argentinischen Criollos der Gauchos genauso wie mit den amerikanischen Quarter Horses der Cowboys, mit dem deutschen Dressurcrack ebenso, wie mit dem mäßig ausgebildeten Freizeitpferd.
Wir reiten zu 90 % über den Sitz (bei ständiger perfekter Balance von Pferd und Reiter – das ist Voraussetzung). Die Zügelhilfen erfolgen in feinsten kurzen Impulsen. Niemals steht der Zügel dauerhaft an, so dass sich das Pferd auf der Hand des Reiters ausbalancieren könnte.
Dieses Prinzip ermöglicht das viel beschriebene, harmonische, schöne, leichte Reiten am *seidenen Faden*. Es lohnt, sich darauf einzulassen.

Das Gute ist oft verblüffend einfach...

Julia mit Ronja – 2003

Friedhelm & Isabell mit Chexi & Mandy – 2004

Die folgende Darstellung unseres Konzeptes spielt in Argentinien:

Jetzt zeige ich Guillermo mitten auf der Straße nach Veronica, wie die Steuerung funktioniert:

Ich gehe hinter Guillermo und erfasse mit meinen beiden Händen seine Schultern. Seitlich übe ich einen leichten Druck gegen die Oberarme im Bereich der Schultern aus. Zusammen gehen wir die Straße entlang.
Während die rechte Hand ihren Druck genauso beibehält, nehme ich die linke Hand plötzlich seitwärts weg.
Guillermo, der vorher durch den Druck meiner Hände eine klare Anlehnung für geradeaus hatte, torkelt unversehens nach links. Er konnte sich gar nicht dagegen wehren.
Verblüfft sieht er mich an.
Was war das?

Wir machen es noch einmal:
Hintereinander gehen wir und ich drücke mit beiden Händen gegen die Oberarme/ Schultern von Guillermo.
Dann nehme ich unvermittelt die rechte Hand weg und Guillermo geht nach rechts.

Wir lachen uns halb tot. Da stehen drei erwachsene Männer mitten auf der Straße und schlagen sich auf die Schenkel. Norbert kriegt sich gar nicht wieder ein. Mach das bei mir auch mal.
Okay, sage ich. Aber konzentriere dich darauf, dass du geradeaus weitergehst, auch wenn ich meine Hand wegnehme.
Los geht's. Nach acht bis zehn Metern nehme ich die rechte Hand weg und Norbert geht nach rechts.
Du wolltest doch weiter geradeaus gehen, reklamiere ich lachend.
Unmöglich, sagt Norbert, unmöglich.
Das ist ja genial.

... und macht Pferd und Reiter Spaß.

Wir kommen zur Eisdiele und Guillermo spendiert einen Riesenbecher.

Nachdem ich die Technik der Steuerung noch mehreren anwesenden Bekannten demonstrieren musste, löchern Norbert und Guillermo mich jetzt, wie ich denn darauf gekommen sei:

Vor sechs Jahren hat Friedhelm eine Ärztin für Homöopathie kennen gelernt. Damals hat sie auf Empfehlung einer Reitschülerin sein Fohlen behandelt, welches angeblich eine chronische Bronchitis hatte. Dieses Pferd hat im Alter von wenigen Monaten so viele Medikamente bekommen, wie alle seine Pferde insgesamt nicht. Er erinnert sich an eine horrende Tierarztrechnung.

Als es nicht besser wurde, und sein damaliger Tierarzt ihm eine kostspielige Behandlung mittels eines speziell für dieses Pferd zu entwickelnden Antibiotikums empfahl, wurde er skeptisch.
Eine Untersuchung in einer Tierklinik brachte zutage, dass eine normale Bronchitis vorlag, nichts Ernstes.

Homöopathie ist sanft und ohne Nebenwirkungen – wie Pferdisch.

Nun also sein Erstkontakt mit der Homöopathie bei Pferden. Eine kurze Anamnese vor Ort. Dann eine Entgiftung von den verabreichten Medikamenten und schließlich eine Behandlung mit täglich zwei mal zehn Tropfen in Alkohol aufgelöster Globuli. Nach zehn Tagen war das Fohlen symptomfrei und ist es bis heute geblieben. Wenn das eine oder andere Pferd auch mal hustet, dieses seitdem nicht mehr.

Die Behandlung hat einen Bruchteil der Tierarztrechnung gekostet!
Und wie Friedhelm dann so ist – das wollte er auch lernen. Sehr intensiv hat die Ärztin ihm den Einstieg in die Homöopathie vermittelt, hat ihm viele Bücher gegeben, die zum Teil nur indirekt mit Homöopathie zu tun hatten. Er erinnert sich zum Beispiel an *Das Tao der Physik – die Konvergenz von westlicher Wissenschaft und östlicher Philosophie* bzw. *Wendezeit – Bausteine für ein neues Weltbild* von Fritjof Capra[6] oder *Die Prophezeiungen von Celestine* von James Redfield[7].
Der Kontakt zu dieser Materie hat ihm ein völlig neues Weltbild eröffnet. Er war ein Meilenstein in seiner Persönlichkeitsentwicklung.

Man darf sich das aber nicht so von heute auf morgen vorstellen. Es fand ein zuweilen äußerst schmerzhafter Ablösungsprozess von Altgewohntem statt, ohne dass jeweils auch schon ein adäquater Ersatz dafür in Sichtweite war. Es war eine Schicksal bestimmende Zeit, schwierig, fruchtbar und voller Verwirrungen.
Je mehr er über Homöopathie lernte, umso mehr erkannte er, wie weit am Anfang er noch stand. Das gab ihm schließlich die Gelassenheit, die ihm heute im Umgang mit den Pferden so unsagbar hilft.
Man kann nichts erzwingen, man muss die Dinge sich entwickeln lassen. Wie wahr.
Und die Ungeduld?
Die verliert sich irgendwann.

Die Homöopathie ist ein Naturprinzip – wie Pferdisch.

Seine wichtigste Erkenntnis aus dieser Zeit ist, dass Kampf nichts bringt, gegen wen, gegen was kämpft man, wenn nicht gegen sich selbst?
Zug gibt Gegenzug, Druck gibt Gegendruck. Man muss sich nur vor eine Wand stellen und dagegen drücken. Je mehr Druck man aufwendet, umso mehr Druck kommt zurück, oder?
Und was ist mit Gewalt?
Wenn jemand Gewalt gegen mich ausübt, dann wehre ich mich, wenn ich kann. Wenn ich mich nicht wehren kann, dann entziehe ich mich. Kann ich das auch nicht, werde ich trotzig, nicht wahr?
Die Homöopathie macht das Gegenteil:
Hat jemand Fieber, gibt man eine stark verdünnte Arznei, die in ihrer Reinform Fieber verursacht.
Was passiert?
Der Körper reagiert auf diese *Stimulierung* und entwickelt Gegenmaßnahmen, das Fieber sinkt.

Rückblickend ist es nur ein kleiner Schritt gewesen, das homöopathische Prinzip auf den Umgang mit Pferden (und mit Menschen) zu übertragen.
Der Erfolg bei Pferden ist überwältigend.

[6] Fritjof Capra – Das Tao der Physik, Knaur Verlag 1975; Wendezeit, dtv Verlag 1991
[7] James Redfield – Die Prophezeiungen von Celestine, Heyne Verlag 1994

Zu allen Seiten offen sein, ermöglicht Ausdehnung und Wachstum.

Bei Menschen nicht ganz so, denn die haben ihr feines kleines Ego, die haben Fassadentechniken erlernt, die haben manchmal ein Pokerface.

Öffnen sie sich jedoch, kommt eine Verbindung zustande, die so klar, so rein ist, dass ein Falsch keinen Platz mehr hat.
Bei Pferden gibt es jedoch kein Falsch. Sie leben im *Hier* und *Jetzt* (das hat uns übrigens so eindringlich erst Wilfried Bach in seinem Buch *Das Tao des Reitens* verdeutlicht[8]). Friedhelm kannte die Aussage aus esoterischen Kreisen. Aber auf das Pferd hatte er es bis dahin nicht übertragen.

Die Pferde reflektieren in jedem Augenblick, was mit uns los ist. Sie sind wie ein Spiegel. Und kämpfe ich gegen ein Pferd, so kämpft es gegen mich. Ich mag mich mit entsprechendem Druck durchsetzen können, ohne Frage. Aber was ist das für eine Verbindung?
Entweder das Pferd wehrt sich, oder es entzieht sich, oder es reagiert trotzig.
Das Schlimmste ist, wenn sich das Pferd resignierend aufgibt. Wer solche leeren Augen gesehen hat, vergisst die nie wieder. Unsere Gefühle bei solchen Pferden schwanken zwischen Traurigkeit, Betroffenheit und manchmal auch Wut.
Dabei wissen wir genau, dass Gewalt ein Zeichen von Hilflosigkeit, von Ohnmacht ist. Gewalt fängt dort an, wo der Verstand aufhört.

Friedhelm & Anne mit Bisquit – 2000

[8] Wilfried Bach – Das Tao des Reitens erschienen im Kosmos Verlag 1998

Solange ich noch andere Möglichkeiten habe, brauche ich keine Gewalt. Erst, wenn ich mit meinem Latein am Ende bin, wenn meine Nerven nicht mehr mitspielen, oder wenn ich vor anderen Leuten einen Gesichtsverlust befürchten muss, wird Gewalt angewendet. Ist das die richtige Lösung: dieser Hilflosigkeit mit Aggression entgegen treten?

Es gibt kein gut und schlecht, nur Aktion und Reaktion. Wer von uns hat das Recht zu werten?

Seit wir diese Zusammenhänge kennen, fällt es uns leichter, mit Menschen umzugehen, die es *noch nicht besser wissen*. Es fällt uns auch leichter, in Rückschau zu unseren eigenen Verfehlungen gegen unsere Pferde zu treten.

Wer ohne Sünde ist, werfe den ersten Stein ...

Das Homöopathische Prinzip haben wir wie folgt umgesetzt:

Ich sitze auf einem Pferd, welches unter mir wegrennt, pullt.
Ich ziehe nicht an den Zügeln, wende keine Gewalt an.
»Similia Similibus« (lat. Gleiches durch Ähnliches aufheben) hat Hahnemann, der Begründer der Homöopathie gesagt.
Also: Gasgeben.
Ich nehme die Zügel in eine Hand und nach oben, dadurch richte ich das Pferd in der Schulter auf und störe es nicht in seiner Balance.
Beide Unterschenkel nehme ich mit spürbarem gleichmäßigen Druck ans Pferd, die Fußspitzen drehe ich nach außen und treibe das Pferd durch schiebende Beckenbewegungen an. Keine Sporen, keine Gerte, kein Zügelende, nur Körpersprache. Bin ich auf dem Reitplatz, komme ich zwangsläufig an die kurze Seite. Ich treibe weiter, immer geradeaus, im letzten Moment nehme ich den kurveninneren Schenkel weg und lasse das Pferd abwenden, um sofort darauf wieder beide Beine ans Pferd zu nehmen und weiter zu treiben.
Ohne einzuhalten mache ich das mehrere Male, bis ich spüre, dass das Pferd (insbesondere an der kurzen Seite) lieber langsamer werden will.
Dann nehme ich an der langen Seite beide Beine weg.
Wetten, dass das Pferd sofort erleichtert das Tempo drosselt?
Nach einer ruhigen Runde fordere ich wieder Tempo, soviel wie möglich, um dann wieder direkt zu Beginn der langen Seite die Schenkel aufzumachen, den Druck wegzunehmen. Sofort verlangsamt das Pferd.
Beim dritten Mal treibe ich das Pferd wieder, nehme aber zusammen mit einem Stimmkommando (zum Beispiel Woah) die Zügelhand leicht mit einem kurzen Impuls nach OBEN an und knicke im Bauch ein (wie bei einem Bauchschuss, wobei ich den Beckenkamm nach hinten bringe).
Mit sehr großer Wahrscheinlichkeit wird das Pferd willig stoppen.

Wenn das Pferd kämpfen will, sollten wir es gegen sich selbst kämpfen lassen.

Danach lobe ich es ausführlich und lasse es sehr lange ruhig stehen.

Was passiert hier?

- Ich werde vom Opfer zum Täter. Das Pferd spielt nicht mehr mit mir »wilde Sau«, sondern ich mit ihm, und zwar mehr, als dem Pferd in dem Moment lieb ist. Ich kehre die Aktion um:
- Es ist mein Prinzip von Aktion und Reaktion. In der Kommunikation ist es so: *Wer fragt, führt.* Derjenige, der die Aktion setzt, führt. Der Reagierende wird geführt. Das ist ganz wichtig für das Respektverhältnis. So bringe ich einem Pferd gewaltfrei Respekt bei.
- Durch die permanent angelegten Unterschenkel hat das Pferd nicht nur eine klare sichere Führung, sondern es erhält auch permanent eine unmissverständliche Ansage, wo es hingeht.
- Bleibt ein Pferd darüber im Unklaren, füllt es das momentane Machtvakuum des Reiters gerne durch Eigendynamik aus. Es springt hierhin und dorthin, was dem Reiter vielleicht Angst bereitet und das Pferd zum Boss befördert.
- Geht dann einer der Schenkel plötzlich weg, macht quasi die Tür auf, kann das Pferd gar nicht anders, als dem weggehenden Schenkel zu folgen. Bei dem alten Prinzip, mit dem äußeren Schenkel/Sporen Druck zu machen, ging ein Pferd oft dagegen, was dann mehr Druck/Sporen zur Folge hatte. Irgendwie blieb aber alles Kampf bzw. Krampf.

Bleibt ein Pferd über unsere Absicht im Unklaren, füllt es das Machtvakuum sofort selbst durch Eigendynamik aus.

Anja mit Toni – 2006

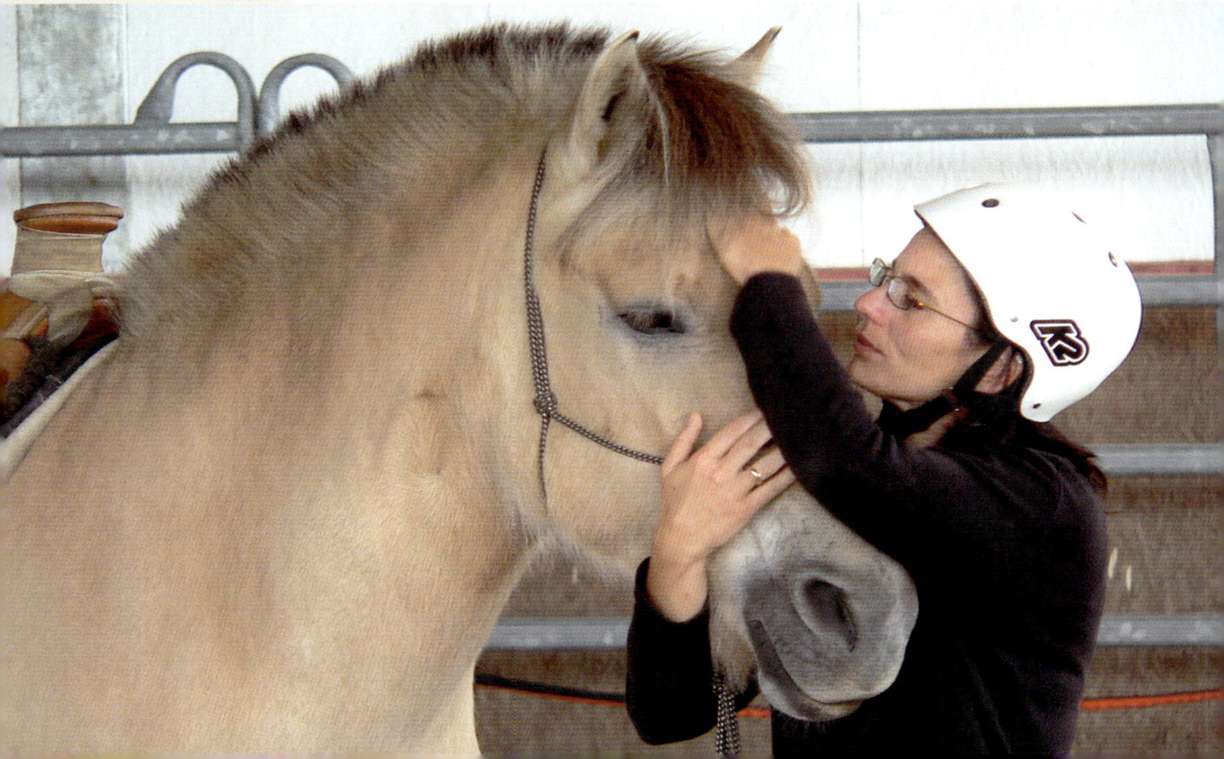

Wir werden oft gefragt, ob das auf jedem Pferd funktioniert. Wir können aus reichhaltiger Erfahrung versichern, dass wir dieses Prinzip auf Jungpferden, die wir eingeritten haben, auf Korrekturpferden, die widersetzlich waren bis hin zu Pferden, die in ganz anderen Reitweisen ausgebildet wurden, ausprobiert und verfeinert haben. Wir können nur jedem Mut machen, umzudenken und ggf. neu zu lernen. Die Pferde entschädigen uns reich dafür.

Möglichkeiten der Förderung

Im Pferdisch Konzept setzen wir das Pferd als Medium zur Stabilisierung und als Entwicklungshelfer zur Persönlichkeitsentwicklung ein. Dabei müssen wir uns von dem herkömmlichen Krankheitsbegriff, der mit Therapie verbunden wird, lösen.

Rasmus mit Gini – 2004

Ein Mensch, der in sich ist und mit sich, der Natur und seinem Umfeld im Einklang ist, kann als gesund bezeichnet werden. Wer in einem dieser Bereiche Konflikte erlebt, und wir glauben, dass nahezu alle Menschen dazu gehören, kann von einer Förderung im Pferdisch Sinne profitieren.

Ein Mensch, der in sich ist und mit sich, der Natur und seinem Umfeld im Einklang ist, kann als gesund bezeichnet werden.

Unsere Umwelt, unsere Wohn- und Arbeitsbedingungen, unsere Familienstrukturen und Partnerschaften sind keineswegs immer Quell der Freude und Gesundheit. Manchmal erinnern diese Schauplätze eher an *Survival Training*.
Pferdisch möchte Entwicklungshelfer für Menschen sein, die auf dem Weg sind: auf dem Weg zu ihrer Ich-Findung, auf dem Weg zur Verwirklichung ihres Selbst. Das fängt mit der wieder zu erlernenden Fähigkeit zum Entspannen an und hört mit dem Eingliedern so genannter *hyperaktiver Kinder* (ADS, ADHS, Indigokinder) in unsere marode Gesellschaft mit ihren allmählich zusammenbrechenden Systemen noch lange nicht auf.

Entspannung

Wir möchten jetzt eine vom Boden geführte Entspannungsübung auf dem Pferd schildern, die wir oft anwenden, um gestresste Reitschüler, die oft außer sich sind, bei uns ankommen zu lassen, ehe wir mit dem Unterricht beginnen. Die Übung läuft folgendermaßen ab:

Der Reiter, der ohne Zügel in den Händen im Sattel sitzt und wie im Pferdisch Bodenarbeitskonzept vom Boden aus geführt wird, wird gebeten, tief in seinen Bauch einzuatmen. Dabei geht das Pferd im Schritt.

Entspannen bedeutet, die überflüssige Anspannung loszulassen.

Der Reiter soll den Atem einen kleinen Moment anhalten, um dann gedanklich beim Ausatmen die Luftperlen durch seine Adern bis in die Finger- und Fußspitzen rieseln zu lassen. Der Reiter soll sich ganz stark auf dieses Bild konzentrieren und dabei ganz leicht mit den Waden vor den Bauch des Pferdes klopfen.

Seit 20 Jahren betreibt und unterrichtet Friedhelm Entspannungsübungen, insbesondere autogenes Training. Damit hat er für sich unglaubliche Dinge erreicht. Bei vielen Reitschülern ist es ihm gelungen, die innere und damit auch die äußere Gelassenheit herzustellen, die insbesondere Erwachsene verloren zu haben scheinen.

Tanja & Monika mit Farah – 2006

Nadine & Andrea mit Gundel – 2006

Tanja & Monika mit Farah – 2006

Als Princesa den Kopf hängen lässt und mit einem Hinterbein schont, machen wir weiter.
Guillermo ist fast weggetreten.
Er schreckt zusammen, als ich ihn anspreche.
Während du jetzt tief weiteratmest, werde ich das Pferd im Schritt einige Kreise führen, bitte achte du nur auf deine beiden Sitzbeinhöcker, dass der Druck auf den beiden Sitzknochen sich möglichst gleichstark anfühlt und nicht wechselt ...
Ruhig folgt Princesa mir. Ich gehe kleine Kreise, große Kreise, nach links, nach rechts und wieder geradeaus.
Sie folgt mir willig.
Nun ziehe deine Gesichtsmuskeln zusammen, kneife die Augen zu, beiße die Zähne zusammen und mache ein richtiges Knubbelgesicht ...
Und jetzt entspanne dich wieder, bewege deinen Unterkiefer und lockere ihn. Spüre, wie entspannt sich dein ganzes Gesicht jetzt anfühlt ...
Atme tief weiter ...
Jetzt ziehe deine Schultern hoch, ganz hoch ...
Princesa zieht unbeirrt ihre Kreise.
Und lass sie wieder fallen ...
Nimm deine Schultern noch einmal ganz nach oben, und dann rolle sie nach vorne ... und nach hinten ... und wieder nach oben ... und lass sie wieder fallen. Räkele dich und entspanne dich. Entspanne deine Schultern, deinen oberen Rücken und deinen Lendenbereich.
Bewege deine Hüfte kreisförmig vor und zurück, schlackere die Knie aus, dann deine Fußknöchel ...
Und überprüfe dein Gesicht und deine Kiefermuskulatur, ob sich irgendeine Spannung eingeschlichen hat ...
Guillermo ist total locker und entspannt.
Einige Runden gehen wir so im Kreis.
Ich werde Princesa jetzt antraben lassen, bleibe du nur so entspannt ...
Willig nimmt Princesa einen ruhigen Trab auf, als ich die Peitsche hebe und schnalze.
Lass deine Hüfte so locker wie nur irgend möglich, überlass sie der Bewegung des Pferdes unter dir.
Wenn die Stute vorne rechts auffußt, geht dein rechter Beckenkamm nach vorne, wenn sie links auffußt, der linke. Mit der Schulter des Pferdes bewegst du passiv (ohne Kraft) dein Becken. Aber sieh nicht auf die Schulter des Pferdes, sieh in die Unendlichkeit und fühle die Bewegung, ich weiß, dass du es kannst.
Dann geht die Bewegungserfahrung gleich in dein Unterbewusstsein, dann ersparst du dir viel Üben ...
Guillermo ist immer noch herrlich entspannt, regelrecht gelöst.

Ich entschließe mich, ihn im Trab vor mir her durch den Zirkel wechseln zu lassen. Lehne dich nicht in die Kurve, behalte gleichen Druck auf beiden Gesäßknochen, wenn wir die Richtung wechseln ...
Mit einem leichten Hüpfer geht Princesa auf die andere Hand, Guillermo hatte dabei Blickkontakt zu mir. Ich hatte eine Position eingenommen, von der aus ich Guillermos korrekte Körperdrehung bei Blickkontakt zu mir quasi fernsteuern konnte. Super!
Wir fügen einige Turns an und Guillermo bekommt Routine.
Suche dir nacheinander die Bügel, versuche aber, so wenig Druck wie möglich hineinzugeben. Guillermo hat etwas Schwierigkeiten, die Bügel aufzunehmen, sie hängen parallel zum Pferd, aber schließlich schafft er es. Dadurch hat er aber etwas die Balance verloren. Sofort driftet seine Stute nach außen, das Seil strafft sich ...
Auf welchem Gesäßknochen hast du jetzt mehr Druck, frage ich ihn:
Innen, antwortet Guillermo nach kurzem Zögern.
Dann gleiche das wieder aus ...
Sofort nimmt Princesa ihre alte Kreislinie wieder auf.
O.k., und zum Schluss einen Stopp, wie Peralta:
Wir alle lachen.
Versuche es:
Beine weg, Hacken tief, Bauchschuss, Hand hoch und Woah!
Guillermo gibt sein Bestes, aber Princesa weiß überhaupt nicht, was er von ihr will!
Das machen wir beim nächsten Mal, lache ich. Für heute war es sehr gut.

Auch dieses Beispiel, der Leser wird es gemerkt haben, spielt in Argentinien. Das autogene Training ist übrigens seit Friedhelms Kontakt zu den Klangschalen ins Archiv gewandert. Heute arbeitet er mit Klang. Dabei setzt er neben Klangsschalen und Gongs auch andere akustische Elemente ein, wie z.B. die Naturschallwandler von Rudolf Mechow. Mit Klang entspannt jeder nach kurzer Zeit, auch verkopfte und gestresste Erwachsene, denn Klang wirkt auf Zellebene. Jede einzelne Zelle geht mit den Schwingungen in Resonanz, selbst, wenn der Behandelte schläft.

Anne & Dagmar mit Guiness – 2004

Hyperaktive Kinder

So genannte hyperaktive Kinder sind verträumt, leicht erregbar, chaotisch, zappelig, unkonzentriert, ungeschickt, haben Schulprobleme, passen sich nicht an, nerven Eltern und Lehrer.

So genannte hyperaktive Kinder sind gefühlvoll, ehrlich, spontan, unbestechlich, kreativ, musisch, künstlerisch, begeisterungsfähig und dankbar.

Die Pferde und diese besonderen Kinder bedürfen unserer unendlichen Geduld.

Diese Kinder hat unsere gesellschaftliche Lebensform hervorgebracht. Sie sind phantastische kleine Persönlichkeiten, liebenswert und bewundernswert in ihrer jeweiligen Eigenart.

Aber wir müssen ihnen helfen,
sich in unserer Welt zurechtzufinden,
die den gleichförmigen, immer funktionierenden Menschen fordert.

Unser Förderungskonzept, das wir über mehrere Jahre mit emotional gestörten Kindern entwickelt haben, setzt sich folgende Ziele:

- Stärkung des Selbstwertgefühls und des Selbstvertrauens der Kinder
- Verbesserung des Körpergefühls, insbesondere der Überkreuzmotorik
- Training von Konzentration und Aufmerksamkeit
- Einbeziehung der Eltern durch Hilfestellung zum Transfer der Förderungsmethoden in den Alltag

Darius & Friedhelm mit Gini – 2004

Wir setzen eigens für diesen Zweck ausgewählte und sorgfältig ausgebildete Pferde als Medium ein. Das Pferd weckt in den Kindern durch seine absichtslose Zuwendung nach anfänglichem Respekt das verlorene Urvertrauen, vermittelt Wärme und Geborgenheit, stärkt Mut und Entschlossenheit, lässt durch sein starkes und zugleich sanftes Wesen die Lebensenergie auf die Kinder überfließen. Das Pferd erreicht das Kind nicht über den Kopf, sondern über das Gefühl, über das Unbewusste.

Unsere Pferde verstehen diese Kinder sofort – so rum und so rum.

Wir bringen das Kind und das Pferd gefahrlos zusammen, und bauen das Vertrauensverhältnis auf. Das Kind lernt, sich wieder selbst zu spüren, wahrzunehmen und das in einer positiven Atmosphäre.
Gemeinsam mit uns holt das Kind *sein Pferd* von der Weide oder aus dem Stall, putzt es, reinigt die Hufe ...
Eine intensive Beziehung entsteht. Dann wird ein Haltegurt angelegt, sowie das Knotenhalfter mit dem Pferdisch Impulsband. Das Kind sitzt lediglich auf einer fixierten Unterlage auf dem Pferderücken und spürt die Wärme und jede Bewegung des Pferdes unter sich. Per Körpersprache *Pferdisch* steuern wir nun das Pferd in Richtung und Tempo. Das Kind lernt, die verschiedenen Figuren und Bewegungen geschmeidig auszusitzen, wobei wir es mental ablenken.
Das Kind entwickelt ein sicheres Balancegefühl, und die Überkreuzmotorik wird geschult.
Mental erlebt das Kind spielerisch eine

fortwährende liebevolle Zuwendung,

wobei nur Positives verstärkt wird. Es erlebt Grenzen, Halt und Führung und insbesondere Konsequenz.

Durch präzise Aufforderungen, das Schaffen von Wahlmöglichkeiten, durch Anreize und Belohnungen hat das Kind Erfolgserlebnisse, die ihm immer wieder ein positives Selbstbild verschaffen.

Und das ganze geschieht in Gegenwart von Mutter oder Vater. Eine ganze Stunde lang hat das Kind die volle Aufmerksamkeit des Pferdisch Trainers und des Elternteiles, ein ganz wichtiger Aspekt.
Nebenbei erleben die Eltern nahezu spielerisch das Konzept, nach dem mit den Kindern gearbeitet wird. Sie erleben die Veränderungen der kleinen Menschen, die oftmals von ständiger innerer Unruhe getrieben erscheinen. Sie erleben ihre Kinder immer wieder glücklich, entspannt, geborgen.
Und unmerklich fließt das Erlebte in den Alltag ein.

Wir möchten hier beschreiben, wie uns die Methode gefunden hat:

Tobias, ein kleiner Junge von damals sechs Jahren, ist Friedhelm ganz besonders ans Herz gewachsen. Im Mai 1999 kamen seine Eltern ziemlich verzweifelt mit dem Jungen zu ihm. Beim Schuleignungstest war er *durchgefallen*, es drohte dem Kind eine Sonderschulkarriere. Vernünftigerweise hatten die Eltern den Jungen erst einmal ein Jahr zurückstellen lassen.

Marcel – 2002

Wir müssen uns bewusst werden, dass es gar nicht so einfach ist, in unserer kaputten Welt zurecht zu kommen.

Schnell zeigt sich, dass das Kind hyperaktiv ist. Aus seinem nächsten Umfeld kennt Friedhelm das Syndrom. Aus seinem Homöopathieunterricht ist ihm bekannt, dass dieses Krankheitsbild sehr gut durch homöopathische Arzneien beeinflusst werden kann.

Wer seine Kinder dämpft, hindert sie am Erleben.

Erfahrungen auf diesem Gebiet zeigen, dass eine homöopathische Behandlung in Verbindung mit einer Ergotherapie oder einer Hippotherapie sehr wohl eine Alternative zur Gabe von Psychopharmaka (zum Beispiel Ritalin) sein kann.

Er klärt die Eltern des Jungen über die Möglichkeit auf und stellt einen Kontakt mit einer ihm bekannten sehr guten Homöopathin her.
Die Ärztin erstellt eine Arznei für den Jungen und in Absprache mit ihr entwickelt Friedhelm das Balancegefühl des Jungen, fördert seine Überkreuzmotorik und stärkt insbesondere sein Selbstwertgefühl und sein Selbstvertrauen.
Um es vorweg zu sagen:
Dieser Weg erfordert unglaublich viel Liebe, Ausdauer, Konzentration und Konsequenz von allen beteiligten Personen. Dabei beziehen wir die Eltern des Jungen ganz klar mit ein. Es ist rührend, welche Mühen diese über einen Zeitraum von mehr als einem Jahr auf sich genommen haben, um ihrem Sohn eine größtmögliche Erfolgschance zu bieten.

Es hat funktioniert. Ehe wir den Weg zum Erfolg skizzieren, möchten wir zum Ausdruck bringen, dass es uns unglaublich viel Freude bereitet hat, mit dem Jungen zu arbeiten. Die Ausstrahlung dieses zunächst total introvertierten Kindes, geprägt von vielen kleinen Misserfolgserlebnissen, hat sich im Laufe der Zeit zu einem aufgeweckten- im *Hier* und *Jetzt* lebenden, frischen und gefühlvollen Jungen entwickelt.
Wir glauben, dass Friedhelm eine gewisse Rolle im Leben dieses Kindes eingenommen hat. Wenn er zu uns kam, dann strahlte er. Das ist der schönste Lohn, den wir uns vorstellen können.

Aber das ist nicht alles. Mit und durch Tobias hat sich allmählich das heutige MENTALE TRAINING FÜR REITER entwickelt. Eine Lehrweise, die Allgemeingültigkeit hat, wenn wir direkt das Unterbewusstsein eines Menschen erreichen wollen. Diese Methode wenden wir bei angsterfüllten, verkopften und blockierten Reitern genauso an, wie bei der Aufgabe, komplexe Handlungsabläufe einzuüben.

Darius & Friedhelm mit Wendo – 2005

Wie hat sich diese Methode entwickelt?

Hyperaktive Kinder empfangen auf vielen Kanälen gleichzeitig, wobei alle Sinneseindrücke gleichzeitig und *gleichberechtigt* wahrgenommen werden. Bei der Informationsvielfalt unserer Zeit ist das natürlich zu viel für ein Gehirn.

Vielleicht können wir lernen, die Kinder so zu lassen, wie sie sind und an ihnen wachsen.

Das Krankheitsbild äußert sich dergestalt, dass der Betroffene nicht selektieren kann, was in diesem Augenblick für ihn wichtig ist und was warten kann, bzw. was überhaupt nicht wichtig ist.

Wie zeigt sich das in der Praxis?

Tobias war Anfangs nicht in der Lage, bis zehn zu zählen, während Friedhelm ihn ohne Sattel auf seinem Pferd sitzend im Kreis herumführte. Jedes Mal, wenn seine Blickrichtung sich änderte, sagte er: »Friedhelm, guck mal da, oder da, oder da ...« Mal fuhr ein Krankenwagen auf der Straße vorbei, mal ein Trecker, mal war es ein Vogel, mal etwas anderes. Er war damals schon ein kleiner zerstreuter Professor.
Es ist klar, dass ein solches Kind in unserem Schulsystem durchs Raster fallen muss.
Mit viel Geduld hat Friedhelm den Jungen dazu gebracht, sich so gut wie möglich auf ihn zu konzentrieren. Mal ließ er sich seine Kleidung beschreiben, mal spielten sie *Ich sehe was, was Du nicht siehst*, mal ließ Friedhelm sich Ereignisse berichten, die er von den Eltern kannte.
Bald stellte Friedhelm fest, dass manifeste Dinge, wie seine Kleidung und Ausrüstung, Tobias mehr zu fesseln wussten, als intellektuelle Dinge, zum Beispiel wie es im Kindergarten war oder was das schönste Erlebnis des Tages war.
Ich sehe was, was Du nicht siehst ging so lange gut, bis er nicht auf Anhieb das Gesuchte fand, dann schweifte er sofort wieder ab.
Das war es also nicht.

Mittlerweile hatte Friedhelm aber ein Gespür für Tobias entwickelt. Während Friedhelm ihn in verschiedenen Figuren führte, merkte er sofort, wenn er mit seiner Aufmerksamkeit nicht mehr bei ihm war. Dann überfiel er ihn mit einem plötzlich Stopp und einer überraschenden Frage, die ihn wachrüttelte.
Nach unendlicher Mühe gelang es beiden schließlich, mehrfach hintereinander zusammen bis zehn zu zählen. Tobias übte in seiner Familie weiter und bald ging es bis 20. Wir müssen den Eltern wirklich ein Kompliment machen, ohne ihre tägliche Unterstützung hätten wir das gemeinsame Ziel nicht erreicht. Tobias machte auch in seiner Bewegungskoordination Fortschritte. Im Trab hatte er einen superguten Sitz entwickelt, auch engste Wendungen saß er locker und gut balanciert aus,

Diese Kinder würden uns zeigen, dass wir schon lange nicht mehr in uns sind.

ohne sich irgendwo festhalten zu müssen. Er konnte vom Pferd auf die Roundpen-Gitter klettern und zurück. Man muss sich das so vorstellen, dass Friedhelm ihm zunächst genau ansagen musste mit welcher Hand er sich wo festhalten musste und welches Bein er wohin setzen musste. Das Gefühl dafür fehlte ihm total, und insofern hatte er natürlich vor diesen Sachen Angst.
Die Übungen hat Friedhelm dann immer besonders positiv verstärkt.
Im Schritt und im Trab ließ er Tobias nach der Fahrpeitsche fassen, wobei Tobias sich jeweils weit nach innen-hinten oder außen-hinten drehen musste, um das Peitschenende erfassen zu können.
Dann gab er ihm die Peitsche und er musste sie ihm in der Reitbewegung hinhalten.
Schließlich hatte Tobias einen unabhängigen Sitz und konnte sich einigermaßen auf Friedhelm konzentrieren.

Kreativität setzt kein Psychologiestudium voraus, sondern ehrliches Interesse.

Mit seinen Fortschritten im Zählen merkte Friedhelm bald, dass Tobias nur noch mechanisch mitzählte, was er bereits in- und auswendig konnte. Er war immer weniger wirklich bei ihm.

Friedhelm hat dann die verschiedensten Experimente gemacht, die wir hier nicht näher beleuchten wollen.
Die Lösung ergab sich endlich, als Tobias auch lernte, rückwärts zu zählen. Jetzt gelang es Friedhelm ein- für allemal, ihn zu fesseln:
Friedhelm zählte mit ihm entweder hoch oder runter, und zwar abwechselnd. Zunächst nur bis zehn, später höher, zuletzt bis 300!! (Tobias ging noch nicht zur Schule!)
Diese Übung machte Tobias viel Freude, sie lachten oft dabei, wenn Friedhelm zum Beispiel 10 – 9 – 8 – 9 10 – 9 – 8 – 9 – ... zählte.
Wir glauben nicht, dass wir übertreiben, aber die wöchentlichen Reitübungen entwickelten sich zum Highlight der Woche für den Jungen. Auch Friedhelm hat sich immer auf den Freitagnachmittag gefreut.

Eines Tages erzählten uns die Eltern von Tobias, dass der den Schuleignungstest nun mit Bravour bestanden hätte. Der Schulpsychologe hätte es gar nicht fassen können, dass das der gleiche Junge vom Vorjahr war.
Auch der Ergotherapeut hatte sich lobend geäußert, dass eine Fortsetzung der Therapie nun nicht mehr nötig sei. Als die Ärztin dann auch die Behandlung einstellte, waren sich alle Beteiligten sicher:
Hier hatten wir einem Kind geholfen, sein eigenes Potential zu entwickeln und es davor zu schützen, in eine gesellschaftliche Einbahnstraße geschoben zu werden, nur weil vielleicht vorübergehend eine Entwicklung nicht normgerecht verlaufen war.

Isabel & Nils mit Pretendida & Kilate – 2004

Wir möchten jedem Mut machen, diesen oder einen ähnlichen Weg zu wagen, wenngleich eine Medikamentengabe vordergründig einfacher und vielleicht auch Erfolg versprechender erscheinen mag. Was riskiert man schon? Man kann doch nur dazu gewinnen. Schlimmer wird es keinesfalls.

Es ist eine unglaubliche Chance, die sich den Eltern solcher Kinder bietet.

Es gibt zu viele betroffene Kinder, als das wir dieses Konzept für uns behalten wollen. Deshalb haben wir uns entschlossen, eine qualifizierte Fortbildung im Rahmen der pferdegestützten Interaktion zur Förderung von Kindern und Erwachsenen zu konzipieren und anzubieten. Damit sprechen wir hier insbesondere bereits anderweitig ausgebildete Hippotherapeuten, Physiotherapeuten, Krankengymnasten, Pädagogen, Sozialpädagogen, Erzieher, Heilpädagogen, Ergotherapeuten, Logopäden und ähnliche Berufsgruppen an, die an einer Fortbildung interessiert sind, die wirklich hilft. Wir nennen diesen Ausbildungsgang »Pferdisch Coach«.

Nach einigen Jahren Erfahrung benötigen wir in der Praxis noch durchschnittlich acht Behandlungen, um ein Kind wieder in seine Balance zurück zu bringen, wobei wir oft parallel 1–2 Klangbehandlungen durchführen.

Bernadette & Friedhelm mit Mandy – 2000

Angstbewältigung

Es gibt mehr Reiter mit Angstproblemen, als diese bereit wären, das einzugestehen. Aber erst, wenn die Blockade aufgelöst ist, kann das Reiten für Pferd und Reiter harmonisch und entspannt sein. Die folgende Geschichte soll ein Beispiel sein, wie auf Pferdisch an dieses Problem herangegangen wird:

Die Dunkelfuchsstute läuft unruhig im Trab auf der linken Hand im Roundpen. Nervös dreht sie ihren Kopf abwechselnd nach links und rechts und legt den Kopf quer, wobei sie den Hals weit wegstreckt. Die Hinterhand tritt kaum unter, das Quarter Horse läuft überwiegend auf der Vorhand.
Das kleine Mädchen, das im Sattel sitzt, hat die Augen weit aufgerissen, die kleinen Hände halten steif die Zügel, die Beine sind entweder weggestreckt oder die Sporen[9] haben Dauerkontakt zum Bauch des Pferdes, was die Stute veranlasst, kräftig Gas zu geben.
Ist das wirklich Esther, eine meiner talentiertesten Reitschülerinnen, die mit meinen anderen beiden Pferden, die ich bei Fortgeschrittenen im Unterricht einsetze, so hervorragend zurechtkommt?
Esther, die mit den anderen Pferden in allen Gangarten auf dem Platz und im Gelände völlig entspannt die schwierigsten Lektionen präzise ausführt?
Esther, die 11jährig bei Vorführungen vor Gruppen, oder wenn Zuschauer da sind, selbstbewusst reitet, dass es ein Genuss ist, zuzuschauen?
Ich gebe eine Sitzkorrektur, aber Esther hört mich gar nicht. Als Esther wieder einmal mit den Beinen klammert und den Oberkörper leicht nach vorne neigt, dreht die Stute sich urplötzlich zum Zaun und schlägt einen Haken. Dadurch wird Esther beinahe aus dem Sattel katapultiert. Sie hat nicht mit der abrupten Drehung gerechnet. Das Mädchen ist den Tränen nahe, ich kann fühlen, dass sie am liebsten

[9] Mittlerweile reiten wir nicht mehr mit Sporen. Wir haben festgestellt, dass Sporen nicht nur ein physisches Zwangsmittel darstellen, sondern auch ein psychisches. Der Reiter merkt das sehr schnell, wenn er sie einmal weg lässt! Hier gilt es Zwang durch Persönlichkeit zu ersetzen.

absteigen würde. Erfolgsverwöhnt ist sie der Verzweiflung nahe, dass anscheinend nichts mehr klappen will.

Was passiert hier?

Vor langer Zeit, es ist mehr als ein Jahr her, hatte Esther auf dieser Stute, die wir im Anfängerunterricht einsetzen, ein prägendes Erlebnis:
In der Reithalle wendete Mandolena (die damals 7jährige Quarter Horse Stute) vom Zirkel ab und ging diagonal durch die 40-Meter-Halle. Das erschreckte Esther derart, dass sie die Zügel abrupt annahm und mit den Beinen klammerte. Das war für »Mandy« jedoch das Signal für Tempo, und sie schoss diagonal durch die Halle, um in der Ecke abrupt vor der Bande zu stoppen. Das war für die kleine Esther damals zuviel. Völlig mit den Nerven fertig hatte sie von da an Angst vor diesem Pferd, welches soviel Eigendynamik bewiesen hatte.

Angst ist dem Verstand nicht zugänglich. Nur über das Gefühl kommen wir an sie heran.

Lange gab Friedhelm ihr danach Unterricht auf anderen Pferden, denn dieses Erlebnis saß tief.
Nachdem sie aber reiterlich weit fortgeschritten war, musste er sie an diesen Knackpunkt heranführen.
Hier liegt ein typischer Fall für unser *mentales Training* vor:

»Mandy« bekommt eine Longierbrille[10] *an die beiden Ringe der Wassertrense, daran eine Longierleine. Das ist meine psychische Unterstützung für Esther. Das Mädchen hat Vertrauen zu mir und weiß, dass Mandy nun nicht von selber ausflippen kann.*

Esther mit Spacki – 2001

[10] Die Longe und die Longierbrille haben wir inzwischen durch Knotenhalfter und Pferdisch Impulsband ersetzt. Wir lernen auch ständig dazu.

Wir fangen auf der rechten Hand an.
Esther trabt im Abstand von vier – fünf Metern um mich herum, vergrößert den Abstand nach meiner Bitte auf ca. neun Meter bis kurz vor den Gittern des Roundpens, um dann gleichmäßig wieder näher zu kommen. Dabei zählen wir wechselseitig nach oben und nach unten, Esther muss mir zählend folgen, ich bestimme, wann es nach oben und wann nach unten geht. Mit meiner freien Hand zeige ich Esther, ob sie näher kommen oder weggehen soll.
Als das klappt, lasse ich die beiden vor mir her durch den Zirkel auf die andere Hand wechseln, alles während wir konzentriert zählen. Dabei ist wichtig, dass ich als zentraler Punkt, den Esther immer ansehen soll, eine ganz bestimmte Position zum Pferd einnehme, die permanent wechselt. Ansonsten würde das Prinzip nicht funktionieren. So überträgt sich ständig Esthers unbewusste Körpersprache auf das Pferd, worauf dieses spontan reagiert.
Was erreiche ich mit dem Verfahren?

Esther ist von dem Pferd abgelenkt, sie konzentriert sich auf das Zählen und auf mich. Dadurch entspannt sich die Psyche und auch die Muskulatur des Mädchens.
Dadurch bedingt kann sich auch das Pferd mental und muskulär entspannen.
Das wiederum bewirkt, dass die natürlichen Hilfen, die Esther solide erlernt hat, beim Pferd wieder Wirkung zeigen.
Dadurch hat Esther schließlich auch wieder Vertrauen zu Mandy.
Was aber das Wichtigste ist: Dadurch bekommt Esther wieder Vertrauen zu sich selbst.

Mandy bekommt nun permanent durch die klare Körpersprache Esthers vermittelt, was von ihr erwartet wird. Als sie einmal von sich aus die Richtung ändern will, reagiert Esther spontan – wie sie es immer getan hat – und klopft kurz mit dem äußeren Schenkel, woraufhin Mandy brav weiterläuft. Auf meine Bitte, das Pferd auf der dem Tor gegenüberliegenden Seite nach einer kurzen Beschleunigung zu stoppen, nimmt Esther die Beine weg, sitzt tief ein und sagt Woah. Die Stute parkt daraufhin, indem sie die Hinterhand tief untersetzt und die Bewegung einfriert.
Esther grinst breit. So ist sie es gewohnt.
Ich frage, was mit der Longierleine ist? Die kann ab, kommt die Antwort, aber noch etwas zögerlich.

Ich lasse Esther auf der linken Hand antraben und sofort wieder stoppen. Es klappt. Danach lasse ich sie wieder antraben und mit leichtestem Beinkontakt einen Zirkel auf dem Hufschlag reiten.

Nun gilt es, das Pferd im Trab auf Schenkeldruck zu beschleunigen – und durch Nachlassen des Schenkeldrucks zu verlangsamen. Als auch das sehr schön funktioniert, kommt der Knackpunkt:
Der Galopp!
Esther soll auf der rechten Hand aus dem Stand angaloppieren. Als daraus ein Stechtrab wird, bitte ich Esther, das äußere- also linke Zügelende in die Hand zu nehmen.
Nach dem Angaloppieren soll sie zwei Galoppsprünge später durchparieren, möglichst ohne Zügelbenutzung.
Das hat Esther gelernt, und es funktioniert auf Anhieb.
Mandy ist ruhig und konzentriert. Das gefällt ihr besser, als die stumpfsinnigen langweiligen Zirkel im Roundpen.
Nun bringe ich Dynamik ins Geschehen:
Angaloppieren, sofort danach durchparieren und zwei Schritte Rückwärtsrichten – Stopp!
Das ist einfach. Danach angaloppieren, vier Galoppsprünge später durchparieren, vier Schritte Rückwärtsrichten, eine Vierteldrehung nach links und rausgaloppieren.
Das machen wir einige Male in wechselnde Richtungen und Mandy hat alle Hände (bzw. Hufe) voll zu tun, um den wechselnden Ansagen Esthers zu folgen. Außerdem wird es auch ein wenig anstrengend. Nach einem guten Stopp lasse ich Esther ZWEI MINUTEN lang verharren und das Pferd ausgedehnt loben.
Dann lasse ich Esther sich selber loben und anschließend lobe ich sie (eines meiner Rituale). Esther ist stolz und total selbstsicher.
Nach der Pause soll Esther auf der Hand ihrer Wahl angaloppieren, auf dem zweiten Hufschlag einige Runden locker und entspannt galoppieren, dann beschleunigen und aus der Beschleunigung heraus vor dem Tor stoppen.
Was soll ich sagen?
Esther ist wieder die Alte.
Mit einem guten Gefühl können wir die Reitstunde beenden.
Es wird einiger Wiederholungen bedürfen, bis die unterbewusste Angst der Ohnmacht in Esther gelöscht ist. Aber jedes neue Erfolgserlebnis, das Pferd auch in dynamischen Situationen kontrollieren zu können, wird Esthers Persönlichkeit stärken und sie selbstbewusst und stark machen.

Reiten ist etwas Aktives. Leben auch.

Entscheidend ist in dieser Lektion, dass wir Esther vermitteln, dass sie REITEN muss.
Reiten ist etwas AKTIVES.
Sich Tragen lassen ist dagegen etwas PASSIVES.
Bin ich PASSIV, überlasse ich dem Pferd die AKTION.

AGIERE ich dagegen, bleibt dem Pferd nur noch die REAKTION.
Somit bin ich dominant und das Pferd ist subdominant!

Dieser Punkt ist eine der wichtigsten Erkenntnisse aus unserem Ausbildungsprinzip. Wir können das gar nicht genug betonen!

Körpererfahrung

Im Kapitel *Wahrnehmungsschulung* ist bereits intensiv über das Schulungskonzept zur Körpererfahrung berichtet worden. Darüber hinaus arbeiten wir in speziellen Problemfeldern mit der Klangschalenmassage. Bereits im Kapitel *Persönlichkeit* haben wir Ausführungen zu dieser Methode gemacht. Wir möchten hier ergänzend die Anwendung schildern, damit der Leser sich eine Vorstellung von dieser relativ unbekannten Methode machen kann.

Die Klänge und Schwingungen durchbrechen alle Filter zu unserem wahren SEIN.

Seit vielen Jahren beschäftigt Friedhelm sich mit den verschiedensten Entspannungstechniken, wie zum Beispiel dem autogenen Training. Allen Techniken ist eines gemeinsam:

Klangschalen

Sie sprechen eine Gruppe von Menschen an, eine andere dagegen kann nichts damit anfangen.
Die meisten Entspannungstechniken wirken entweder auf die muskuläre Ebene ein (zum Beispiel progressive Muskelentspannung nach Jacobsen) und beeinflussen dadurch das vegetative Nervensystem und die kognitive (Verstandesebene) ebenfalls positiv, oder sie wirken in Form von Autosuggestion (zum Beispiel autogenes Training oder konzentrative Körperreisen) über die kognitive Ebene mit den entsprechenden Auswirkungen auf die anderen Bereiche.

Im Herbst 2001 erlebte Friedhelm einen Vortrag über den Einsatz von Klangschalen zur Entspannung und Therapie. Die Teilnehmer konnten dabei sofort Selbstversuche *anstellen*, und er war auf Anhieb in Resonanz mit diesen schönen Klangwundern.

Die Klangmassage dient der
· Tiefenentspannung
· Förderung eines guten Körpergefühls
· Geburtsvorbereitung
· Unterstützung von emotional gestörten Kindern
· Beseitigung von Angst & Blockaden
· Schmerztherapie

und kann in vielen anderen Bereichen eingesetzt werden. Die Klangmassage ist eine sehr effiziente Methode zur Tiefenentspannung, die über das Gefühl und nicht über den Verstand unseren Organismus erreicht.

Schließlich spüren wir nur noch uns selbst, bekommen eine Ahnung von dem, was möglich ist.

Die behandelte Person wird dabei auf eine gepolsterte Liege in Bauch-, Rücken-, evtl. auch in der Seitenlage bequem platziert.
Ein speziell dafür entwickeltes Lagerungsset unterstützt dabei die Liegeposition perfekt, so dass nichts mehr drückt, zwickt oder schmerzt.

Die gute Lagerung des Körpers ist eine wichtige Vor-

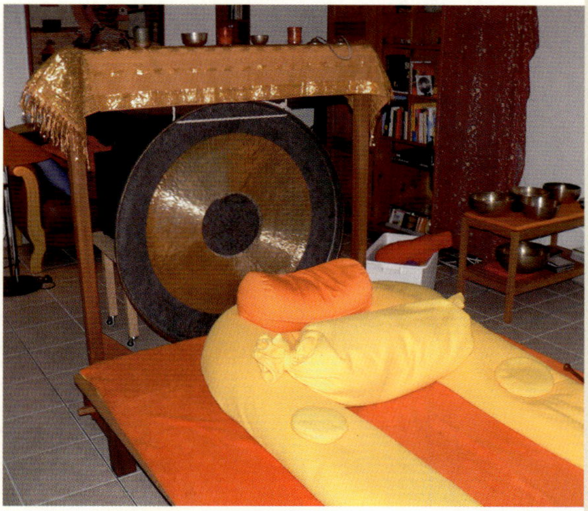

Klangliege im Klangraum.

Klangschalen klingen und schwingen.

aussetzung für die Behandlung, denn wie soll die Energie in einem Körper fließen, der lagerungsbedingt schon blockiert ist?
Der Behandelte ist bis auf die Schuhe komplett bekleidet, wobei die Kleidung ebenfalls bequem sein sollte. Bei Bedarf wird er mit einer Decke zugedeckt. Bei dieser Form der Lagerung fühlt man sich geborgen, wie in Abrahams Schoß!
Nacheinander oder auch gleichzeitig werden Klangschalen unterschiedlicher Größe, Wanddicke und Gewicht auf dem Körper oder daneben auf dem Lagerungskissen platziert und mit Schlägeln sanft angeschlagen.

Neben den unterschiedlichen wundervollen Klängen dieser faszinierenden Schalen geraten diese zugleich in Schwingungen, die sich sanft auf den Körper übertragen.
Je nach Anschlagtechnik und Richtung können nun Energieblockaden aufgespürt und ausgeleitet werden. Unser gesamter Körper wird von Energiebahnen durchzogen, an denen zum Beispiel auch die Akupunkturpunkte liegen.
Jedes Erlebnis, jeder Gedanke, der von uns als belastend empfunden wird, hinterlässt Spuren. Oftmals *drücken* wir Konflikte einfach weg, die sich dann irgendwo im Körper manifestieren und uns schließlich krank machen können.

Die Klangmassage ist sanft – wie Pferdisch.

Diese Blockaden zu beseitigen, den Körper wieder durchlässig zu machen, wieder ein sicheres Körpergefühl, Glück und Lebensfreude zu bewirken, das ist der Anwendungsbereich der Klangmassage. Aber auch körperliche Erscheinungen wie

Verkrampfungen, Verspannungen der Muskulatur, Beeinflussung von Schmerzsymptomatiken sind typische Anwendungsfelder.

Jedoch alleine die herrliche Entspannung unseres gesamten Organismus, das Gefühl, eine ganze Stunde lang in einem Meer von wunderbaren Klängen zu baden, verwöhnt zu werden, ohne dass störende Gedanken uns bestimmen, das ist ein guter Grund, einmal der Hektik und den vielfältigen Belastungen des Alltags zu entfliehen. Klangschalen werden in Handarbeit gefertigt. Sie kommen aus Nepal und angrenzenden Ländern. Die Methode der Klangmassage ist dort aber nicht bekannt. Sie wurde von dem deutschen Physiker Peter Hess im Westen entwickelt und hat sich in den vergangenen 15 Jahren viele Betätigungsfelder erobert.

Diese sanfte Methode, bei der sehr achtsam mit dem behandelten Menschen umgegangen wird, hat keine Nebenwirkungen.

Vielseitiger Nutzen von Klang.

Persönlichkeitsentwicklung

Das ganze Buch handelt vom Anfang bis zum Ende von Persönlichkeitsentwicklung. Das wird deutlich geworden sein. Der zentrale Punkt, auf den dabei alles hinausläuft, ist das LOSLASSEN. Loslassen, was nicht glücklich macht. Loslassen, was krank macht. Loslassen, was uns Angst macht. Loslassen, was uns abhängig macht.

Jedes Festhalten ist ein Anzeichen dafür, dass wir Angst haben. Angst, unsicher zu sein, abzurutschen, zu fallen, verlassen zu werden.
Aber was auch passiert, die Welt dreht sich weiter. Wir fallen nicht heraus.

Renate mit Spacki – 2004

Robin & Friedhelm mit Santana – 2003

Diese Angst in uns konnte sich nur entwickeln, weil wir unser Urvertrauen, mit dem wir auf die Welt gekommen sind, nach und nach durch viele Erlebnisse verloren haben. Je mehr das Urvertrauen schwindet, umso mehr kann sich die Angst ausbreiten.
Die veranlasst uns schließlich, alle sinnigen und unsinnigen Versicherungen abzuschließen, Immobilien und Materie zu horten, immer in der Illusion, dass wir uns absichern können.
Die einzige Sicherheit, die es gibt, gibt es nur in uns selbst. Wenn wir darauf wieder vertrauen können, dann schwindet alle Angst, und wir können loslassen. Dann hat sich unsere Persönlichkeit entwickelt zu einem selbst bestimmten Wesen, das agiert und nicht mehr reagiert.

Durch Pferdisch finden wir nirgendwo hin, außer zu uns selbst zurück.

Durch Pferdisch finden wir nirgendwo hin, außer zu uns selbst zurück.

Tina mit Nafila – 2006

Persönlichkeits-entwicklung nach Pferdisch

In unserer täglichen Arbeit findet ein Persönlichkeitsmodell Anwendung, dass wir in mehrjähriger Tätigkeit in der Praxis entwickelt haben. Dieses Modell kennzeichnet unsere Sicht und Vorgehensweise in der Persönlichkeitsförderung sehr anschaulich. Wir möchten das Modell und seine Auswirkungen nun beschreiben.

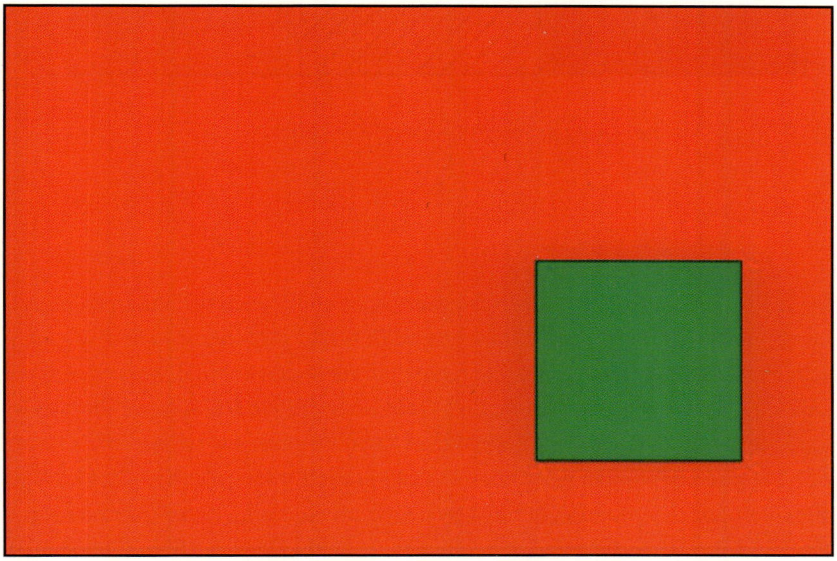

Abbildung 3: Abhängigkeitsverhältnis

Der Mensch wird in ein absolutes Abhängigkeitsverhältnis hineingeboren. Er ist nicht in der Lage, seine Bedürfnisse eigenständig zu befriedigen. Er ist nicht einmal in der Lage, eigenständig zu überleben. Im Normalfall befindet er sich in totaler Abhängigkeit zu seiner Mutter bzw. seinen Eltern. Diese versorgen, schützen und ernähren ihn, bis er allmählich selber in der Lage ist, sich zu versorgen.

Zunehmend entwickeln sich dann ein Selbstbewusstsein und das Ego des Menschen. Er tritt bewusst in Konkurrenz zu anderen Menschen und erprobt und erfährt sich dadurch.

Abbildung 4: Schnittmenge als Konfliktfeld

Diese »Schnittmenge« zwischen den Menschen stellt gewissermaßen das Spannungsfeld in Form von Polaritäten, das heißt Gegensätzen dar, in dem wir Menschen meistens über Jahre und Jahrzehnte herausfinden können, wer und was wir sein wollen bzw. wer und was wir nicht sein wollen. Viele Menschen ziehen es im täglichen Daseinskampf innerhalb dieses Konfliktfeldes vor, wieder in die traute Abhängigkeit des selbst gewählten Gefängnisses zurück zu gehen. Das kann so aussehen, dass jemand »gut heiratet«, sich von seinem Ehepartner versorgen lässt und ein mehr oder weniger bequemes, aber überwiegend fremdbestimmtes Leben führt. Die Folge ist nicht selten ein Gefühl von innerer Leere und der Vorstellung, wir würden gelebt. Tatsächlich zeigt sich diese Konstellation häufig so, dass der Abhängige Erfüllungsgehilfe für den sich auslebenden Verantwortlichen ist. Auf der anderen Seite haben beide Partner auch ihre begründete Motivation für diese entwicklungsmäßig archaische Lebenskonstellation, wie wir noch sehen werden.

Wie bereits angedeutet, bleiben manche Menschen ein Leben lang »glücklich und zufrieden« auf dieser Grundstufe der Persönlichkeitsentwicklung stehen. Andere zerreiben sich mit mehr oder weniger großem Erfolg im täglichen Daseinskampf im Spannungsfeld der Polaritäten und erleben sich manchmal als Gewinner und manchmal als Verlierer. Es gibt eine dritte Option, zu der das Individuum sich hin entwickeln kann, die wir hier ebenfalls darstellen möchten.

Abbildung 5: Zwei eigenständige Persönlichkeiten sind kooperationsfähig

Der Mensch hat die Möglichkeit, sich im Laufe seiner Erfahrungen zu einer eigenständigen und selbst bestimmten Persönlichkeit zu entwickeln. Zu einer Persönlichkeit, die sagt, was sie denkt und tut, was sie sagt. Also zu einer Autorität. Hier schließt sich der Kreis zu den Pferden als Medium zur Persönlichkeitsentwicklung. Pferde leben permanent in dieser letzten Konstellation. Sie sind eigenständig, unabhängig und mit einem unerschütterlichen Selbstbewusstsein ausgestattet. Sie machen sich nicht klein und erheben sich nicht über andere, sondern gemäß den ungeschriebenen Gesetzen der Rangordnung fügen sie sich in ihre Position ein und sind dort zufrieden. Es gibt kein Bestreben an Bedeutung zu gewinnen. Lediglich, wenn ein vermeintlich ranghöheres Tier sich als rangniedriger erweist, fordert das Pferd den ihm zustehenden Platz ein. Wenn ich als Mensch mit Pferden in einem ausgewogenen Respekt- und Vertrauensverhältnis umgehen möchte, muss ich mich zwangsläufig zu einer starken, unabhängigen Persönlichkeit entwickeln, die authentisch und integer ist, ansonsten wird das Pferd mich nicht als ranghöher respektieren. Der Umgang mit den Pferden auf der Basis des Pferdisch Prinzips stellt eine Persönlichkeitsschulung ersten Ranges dar. Das Pferd wird dem Menschen in jedem Entwicklungsstadium glasklar spiegeln, wo er sich gerade befindet.

Wir werden nun anhand eines anschaulichen Modells sowohl das Spannungsfeld aus Abbildung 4 verdeutlichen, wie auch die Lösung hin zu unserem Entwicklungsziel gemäß Abbildung 5.

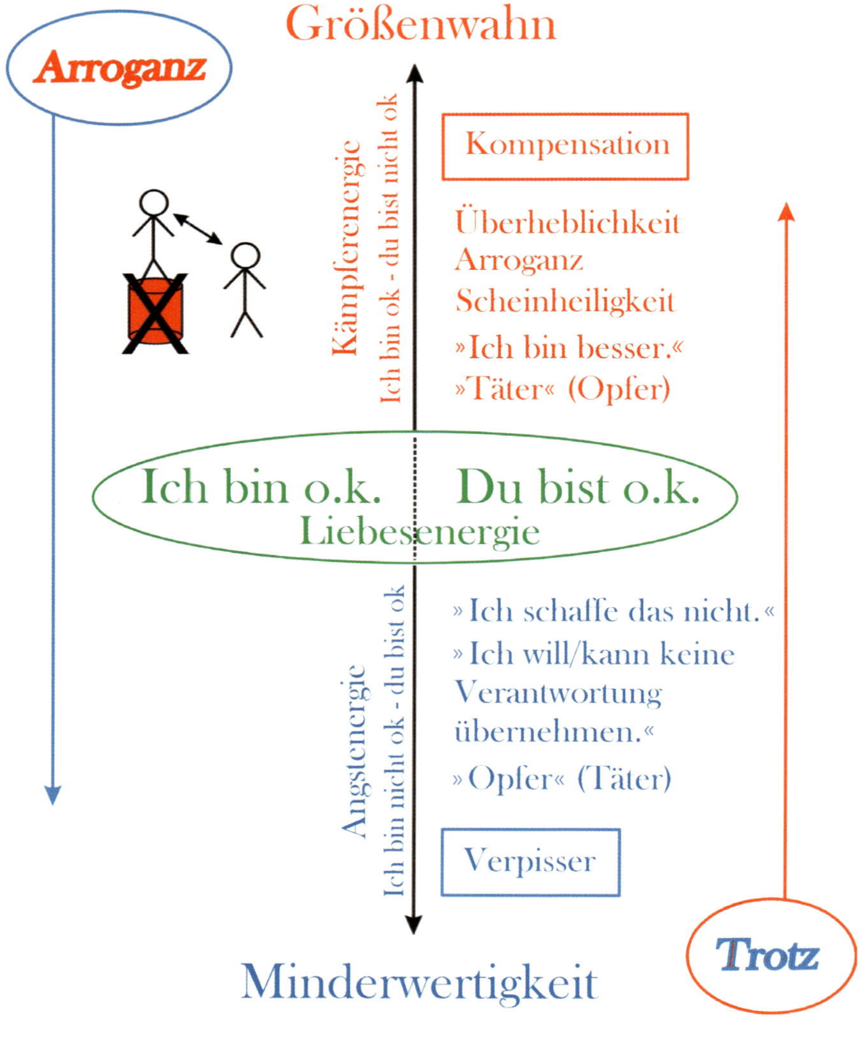

Abbildung 6: Pferdisch Förderungsmodell 1

Wir Menschen befinden uns lebenslang in einem Spannungsfeld zwischen Überheblichkeit und Unterwürfigkeit. Im Extrem könnte man das mit »Minderwertigkeit« und »Größenwahn« bezeichnen. Das Gefühl der Überheblichkeit ist gekennzeichnet durch Arroganz. Ich bin »besser«. Da diese Haltung – wie wir sehen werden – reine Kompensation ist beruht diese Überheblichkeit immer auf Scheinheiligkeit. Fühle ich mich jemandem überlegen, fühle ich mich besser, stärker, klüger, werde ich immer und überall alle Anstrengungen unternehmen, um das zu beweisen und zu erhalten. Ich befinde mich fortan in der Kämpferenergie. Alles und Jedes ist Wettbewerb, es gilt zu siegen, um jeden Preis. Stillstand ist schon Rückgang. Diese Haltung, ein solches Leben, ist sehr anstrengend. Dafür brauche ich viel Energie. Woher hole ich mir diese? Ja genau, von einem Schwächeren.

Vermeintlich stehe ich auf einem Sockel, blicke von oben auf den Schwächeren, auf den Verlierer und fühle mich dabei gut. Der Schwächere gibt mir durch seine Abhängigkeit, durch seine Bewunderung, die notwendige Energie.

Nun wollen wir das Ganze mal vom anderen Ende der Skala aus betrachten:
Der Unterwürfige lebt nicht in der Kämpfer- sondern in der Angstenergie: der Angst, nicht gut genug zu sein, das Geforderte nicht zu schaffen. Ist das wirklich so? Will/kann er in Wahrheit nicht nur keine Verantwortung übernehmen? Will er sich in Wahrheit nicht nur »verpissen«? So nach dem Motto »Kamerad sei nicht feige, lass mich hinter den Baum«?

Er, der sich »verpisst«, der keine Verantwortung übernehmen will, ist er wirklich der Schwache, das Opfer? Oder ist er nicht vielmehr der subtile Täter, der den Überheblichen auf den Sockel stellt, ihn scheinbar bewundert, damit der die unangenehmen Dinge für ihn erledigt? Und ist es nicht der scheinbar »Schwache«, der den scheinbar »Starken« jederzeit wieder von seinem Sockel stoßen kann, in dem er ihm die benötigte Aufmerksamkeit und Bewunderung entzieht? Immerhin ist der »Schwache« sich schon bewusst, dass er sich »verpisst« und den anderen für sich benutzt. Der scheinbar Starke hat das noch gar nicht kapiert. Ihn treibt sein Ego noch zu ersehnten Höhen, die ihm den Blick für die Realität trüben. Bemerkenswert ist, dass der Unterwürfige und der Überhebliche sich gegenseitig brauchen, um ihre individuellen Erfahrungen machen zu können.

Jeder von uns kennt beide Seiten. Jeder macht immer wieder beide Erfahrungen, je nach Disziplin, und zwar so lange, bis wir es verstanden haben, bis wir es leid sind, immer wieder zwischen Angst und Kämpferenergie zu pendeln und unsere Energie zu verpulvern. Wenn wir das nicht mehr wollen, dann gibt es einen Mittelweg, den Pferdisch Weg. »Ich bin okay – du bist okay« lautet die einfache Wahrheit. Dieser Weg befindet sich in der Liebesenergie.[11] Keiner ist besser oder schlechter, nur anders, individuell, einmalig, unvergleichlich. Der letzte Punkt ist der entscheidende: unvergleichlich. Erst, wenn ich anfange, zu vergleichen, geht das Elend los. Einer ist besser, einer ist schlechter. Erst, wenn wir jeden so lassen können wie er ist, ist friedliche Koexistenz möglich. Und darum geht es: ein friedliches und harmonisches Zusammenleben, wo jeder so sein darf, wie er ist. Wo jeder in seiner Zeit seine Erfahrungen machen darf, wo keiner glaubt, dass er »weiter« ist, nur weil er in einem Bereich dem anderen eine Erfahrung voraus hat, wo keiner besser ist. In der Liebesenergie betrachten wir die Welt mit all ihren Erscheinungen als Erfahrungsraum, wobei alle Erfahrungen notwendig und damit gleichwertig sind. Wenn aber alle Erfahrungen gleichwertig sind, dann brauchen wir uns auch nicht mehr besser oder schlechter fühlen, dann fallen Vergleiche wie der folgende in komödiantische: »Siehst du die schwarze Katze dort? So eine haben wir Zuhause in braun. Aber das ist ein Dackel.«

Eine besondere Bedeutung kommt dem Phänomen »Trotz« zu. Der Trotz ist nach unserer Überzeugung die Waffe unseres Egos, um uns aus der Minderwertigkeit in das Kompensationsniveau der Überheblichkeit zu bringen. In der Trotz-Energie entscheiden wir uns kopfgesteuert für die vielen Ehrenrunden in unserem Leben, in denen wir unsere Energie verpulvern und einen enormen Leidensdruck entwickeln, den wir oftmals Jahre und Jahrzehnte aushalten (müssen). Der Trotz des Menschen ist als Kompensationsventil mit der Respektlosigkeit des Pferdes vergleichbar. Das Pferd wird, wenn es respektlos ist, steif, unflexibel und regelrecht halsstarrig. Der trotzige Mensch ebenfalls. Es ist eine wichtige Erkenntnis, dass das respektlose Pferd (übrigens auch das angstbesetzte Pferd) genauso wenig in der Liebesenergie existieren kann, wie der trotzige (übrigens auch der angstbesetzte) Mensch. Es lohnt sich, wenn wir uns mit diesem Modell intensiv auseinandersetzen und es auf unsere eigenen Lebensumstände anwenden.[12]

[11] Die dargestellten Erkenntnisse repräsentieren unseren Bewusstseinsstand bei Erscheinen dieses Buches. Wir selber entwickeln uns permanent weiter, so dass auch eine fortlaufende Entwicklung dieses Konzeptes zu erwarten ist.

[12] In dem Buch »LebensWichtiges« beschreibt Friedhelm den Unterschied zwischen Liebesenergie und Angstenergie. Erschienen bei der Pferdisch GbR, 2005 ISBN 3-00-016534-7 (www.lebenswichtiges.de).

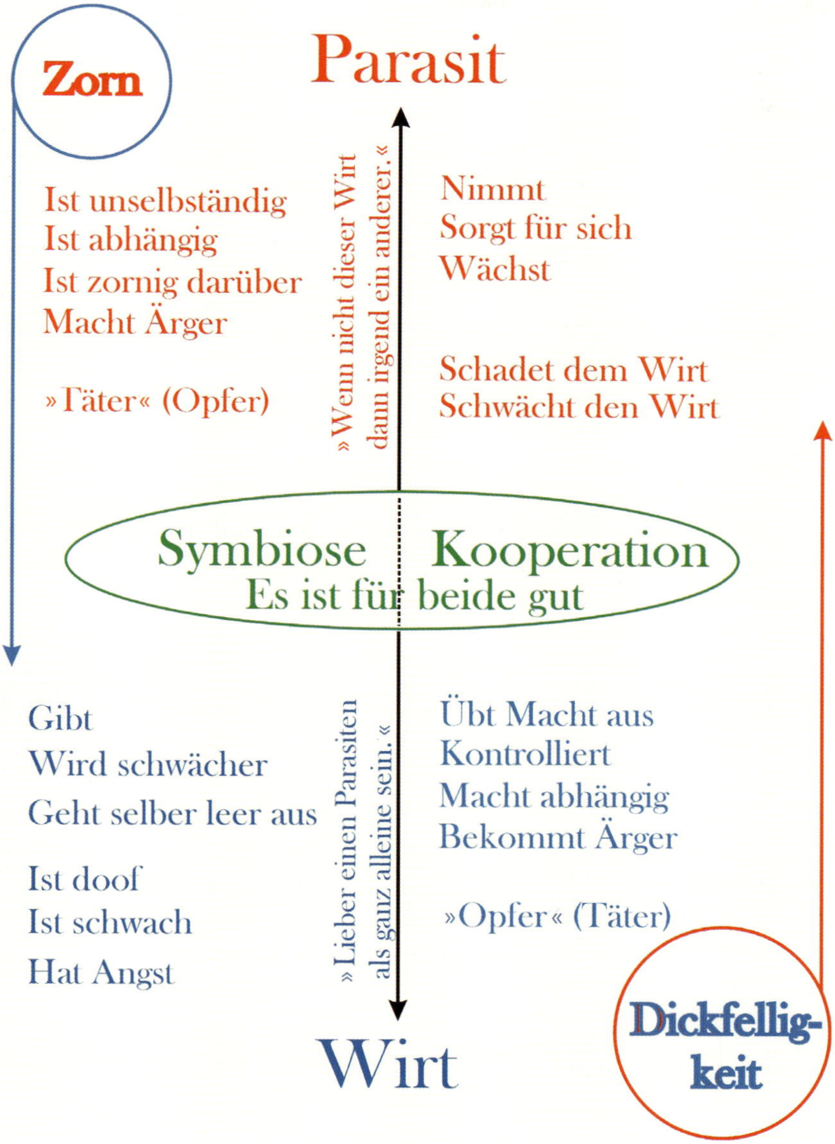

Abbildung 7: Pferdisch Förderungsmodell 2

Das geschilderte Modell lässt sich auf alle Bereiche unseres Lebens übertragen. Wir arbeiten und leben seit Jahren danach. Diese Haltung hat uns persönlich gesunden lassen, hat uns glücklich und zufrieden gemacht. Wir möchten ein zweites Modell einmal auf das Verhältnis Mensch/Pferd übertragen, wobei auch dieses Beispiel ohne Unterschied für die Beziehung Mensch/Mensch gilt.

Dieses Mal betrachten wir das Spannungsfeld Parasit/Wirt. Das »erlöste« bzw. entwickelte Mittelfeld wollen wir als Symbiose oder Kooperation bezeichnen. Der Wirt und der Parasit brauchen einander, um sich in der jeweiligen Rolle erfahren zu können. Wenn einer von beiden nicht mehr mitspielt, bricht das gegenseitige Abhängigkeitskonzept zusammen. Auf das Verhältnis zwischen Mensch und Pferd angewendet wird eine Konstellation gekennzeichnet, in der entweder der Mensch der Parasit ist, der sein Pferd beispielsweise wie ein Sportgerät ausnutzt, ihm lediglich Minimalbedürfnisse erfüllt und es somit immer mehr leer saugt, bis es schließlich physisch krank wird oder aber psychisch so abstumpft, dass es jeden Glanz aus den Augen verliert. Die nach unseren Beobachtungen häufigere Variante zeigt das Pferd als Parasiten. Der Mensch als Wirt erfüllt seinem Pferd jedes Bedürfnis, ja er opfert sich regelrecht für sein Pferd auf. Dieses Pferd verhält sich aufgrund dessen derart respektlos, dass der Mensch im Gegenzug nahezu keinerlei Nutzen von ihm hat. Solche Pferde verhalten sich renitent, lustlos bis faul, launisch oder zickig. In der Kooperation ist das gegenseitige Respekt- und Vertrauensverhältnis dagegen ausgeglichen. Es herrscht eine Beziehung, die für beide Seiten gleichermaßen gut ist. Eine Beziehung, in der den Bedürfnissen beider Partner Rechnung getragen wird und keiner dem anderen etwas schuldig bleibt.

Es wird deutlich, dass die Form der **Kooperation** in der Verbindung mit der **Liebesenergie**, womit gegenseitige *Akzeptanz in Gleichwertigkeit* (ich bin okay – du bist okay) sowie *Ehrlichkeit und Authentizität* (ich sage, was ich denke und tue, was ich sage) gemeint ist, die einzige Lebensform ermöglicht, in der wir harmonisch, glücklich und gesund miteinander existieren können. Mensch mit Mensch und Mensch mit Tier.

Wir selber leben seit einigen Jahren so konsequent, wie wir können, in dieser Weise. Wir können mit Überzeugung sagen, dass wir noch nie so gesund, noch nie so glücklich und auch noch nie so zufrieden waren, wie wir es in dieser Energieform erleben. Mit Hilfe der Pferde können wir es lernen, die Liebesenergie und die Kooperation zu erfühlen, um uns danach ganz bewusst dafür zu entscheiden, sollten wir zurück in Kämpfer- oder Angstenergie, in Parasiten- oder Wirtsrolle verfallen. Mit einem entsprechenden Bewusstsein und ein wenig Übung kann jeder es erlernen, den erwünschten Zustand quasi durch Schalterstellung für sich zu wählen. Voraussetzung dafür ist allerdings ein uneingeschränktes Vertrauen in diese Grundprinzipien des Zusammenlebens und die Bereitschaft, sich ohne Netz und doppelten Boden auf sein eigenes Potential einzulassen.

Dieses Persönlichkeitsförderungskonzept zieht sich wie ein roter Faden durch alle Ausbildungsgänge und ist auch Grundlage unseres Personal Coachings.

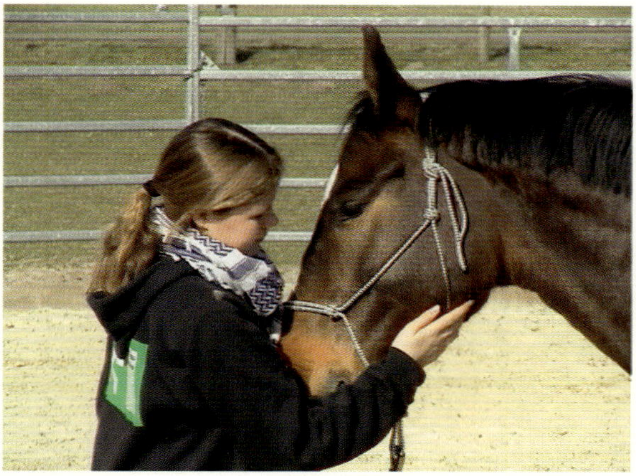

Romy & Philippo – 2003

Pferdisch zum Anfassen

Pferdisch zum Anfassen

Wir sind keine unerreichbaren *Wohnzimmer-Autoren*. Das im vorliegenden Buch beschriebene Konzept lebt. Wir haben es erlebt und erleben es jeden Tag aufs Neue in unserer Arbeit mit Pferden und Menschen. Scheuen Sie sich nicht, Kontakt mit uns aufzunehmen. Der Kreis Gleichgesinnter wird jeden Tag größer.

Friedhelm & Christine

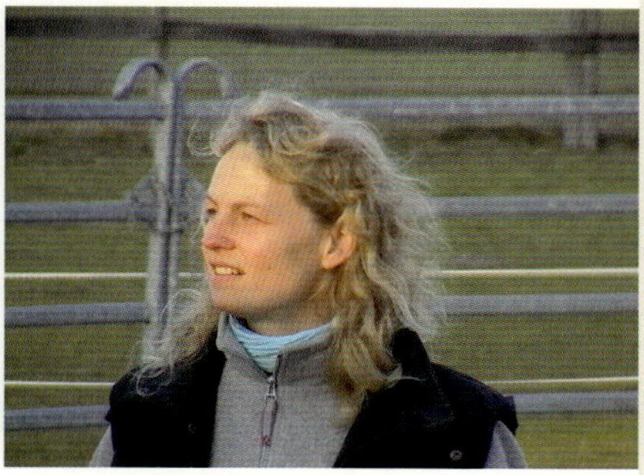

Pferdisch bietet eine maßgeschneiderte Lösung für jede Anforderung. Deshalb ist Pferdisch viel mehr als herkömmliche Pferdeflüsterei.

Unser Angebot unterteilt sich in fünf Bereiche:

1. Seminare
2. Intensivausbildungen
3. Intensivtraining
4. Berufsbegleitende Fortbildungen
5. Persönlichkeitsentwicklung

Die Pferdisch Aus- und Fortbildung beginnt immer mit dem Seminar Pferdisch Basis. Hier wird der für alle Folgeseminare relevante theoretische Hintergrund erarbeitet. Es geht um das Verständnis für das Wesen und die Bedürfnisse der Pferde sowie um einen sicheren Umgang mit dem Pferd. In diesem Seminar wird die Akzeptanz

Pferdisch Ausbildungszentrum Warendorf

für die Möglichkeit feinster Hilfengebung ohne jegliche Druck- und Zwangsmittel geschaffen, indem die Teilnehmer selber fühlen können, wie Pferdisch sich beim Pferd auswirkt.

Darauf aufbauend bieten wir gezielt Seminare und Intensivausbildungen für das Erlernen der Pferdisch Bodenarbeit. Wir arbeiten mit vier bis sechs Teilnehmern. Im Praxis Seminar vermitteln wir die Grundtechniken der Pferdisch Bodenarbeit, um ein ausgewogenes Respekt- und Vertrauensverhältnis zwischen Mensch und Pferd herstellen zu können. Danach beginnt erst die Schulung des Pferdes am Boden in seiner physischen Balance und seine Gymnastizierung (Praxis Plus Seminar). Die Pferdisch Bodenarbeit vermitteln wir am effektivsten in der 10tägigen Intensivausbildung, die die Seminare Praxis und Praxis Plus enthält. Das weiterführende Seminar Praxis Spezial beschäftigt sich mit der Galopparbeit am Boden und der Gymnastizierung mit Cavalletti- und Stangenarbeit. Außerdem bieten wir Problempferdekorrektur, sowie individuell abgestimmte Schulungen für Reiter & Pferd in Intensivtrainings an. Diese Trainings finden ausschließlich mit eigenem Pferd statt.
Jungpferdeausbildung bieten wir in Form einer 10tägigen Intensivausbildung an.

Wir bieten zwei Ausbildungen an: Pferdisch Coach und Pferdisch Reitlehrer. Darauf aufbauend gibt es die Möglichkeit der Weiterbildung zum Pferdisch Trainer.

Der Pferdisch Coach arbeitet in der pferdegestützten Interaktion im Bereich Therapie und Pädagogik vor allem mit Kindern. Der Pferdisch Reitlehrer vermittelt eine pferdegerechte Kommunikation nach dem Pferdisch Prinzip im Sattel und ist reitstil-unabhängig. Der Ehrenkodex, der dieses Tätigkeitsbild repräsentiert, ist im Anhang nachzulesen.

Mehr Informationen über uns und unsere Arbeit finden Sie auf unseren Internetseiten: www.pferdisch.com.

Pferdisch macht Spaß!

Wir freuen uns auf Sie!

Schlusswort

Wir haben mit diesem Buch in komprimierter Form sehr viele Erkenntnisse niedergeschrieben. Wir wissen, dass wir keine einfache Lektüre verfasst haben. Wir möchten die Menschen erreichen, die wie wir selber auf dem Weg sind. Dieses Buch kann man viele Male lesen, immer wieder zur Hand nehmen. Je nach Entwicklung seiner Wahrnehmung und seines Bewusstseins kann der Leser immer andere bzw. neue Dinge in sich aufnehmen und reflektieren.

Die Summe unserer Erfahrungen lautet:

Den Umgang mit Pferden bestimmt zu

> 40% das Respekt- und Vertrauensverhältnis (mentale Balance),
> 40% die physische Balance (zwei Spuren) und
> 20% die Kommunikation (reiterliche Hilfen).

In der herkömmlichen Reitausbildung, wie auch wir sie etliche Jahre an verschiedenen Orten und in verschiedenen Reitstilen durchlaufen haben, reduziert sich

Nabila– 2004

die Ausbildung zum Respekt- und Vertrauensverhältnis in der Aussage »setz dich durch«; über den Zusammenhang zwischen mentaler und physischer Balance haben wir gar nichts gelernt; die reiterlichen Hilfen konzentrierten sich zu einem großen Teil auf die Kompensation der Sitzfehler und Disbalance des Pferdes, die mangels Verständnis nicht korrigiert wurden.

Die gesamte Lehratmosphäre war nicht von Liebe und Ehrlichkeit gekennzeichnet, sondern von Druck, Machtausübung und finanziellen Interessen. Wir haben es uns zum Ziel gesetzt, nicht nur selber das Pferdisch Prinzip zu praktizieren und zu leben, sondern wir wollen insbesondere Multiplikatoren ausbilden, um langfristig etwas zu bewirken. Die wundervolle Kreatur Pferd hat es verdient, verstanden zu werden, und der Mensch hat es verdient, Entwicklungshilfe zu bekommen, Entwicklungshilfe durch das Pferd.

Wir freuen uns auf die Menschen, die mit dem Pferdisch Prinzip in Resonanz gehen. Nehmen Sie Kontakt mit uns auf. Sie sind uns herzlich willkommen.

Tanja & Monika mit Farah – 2006

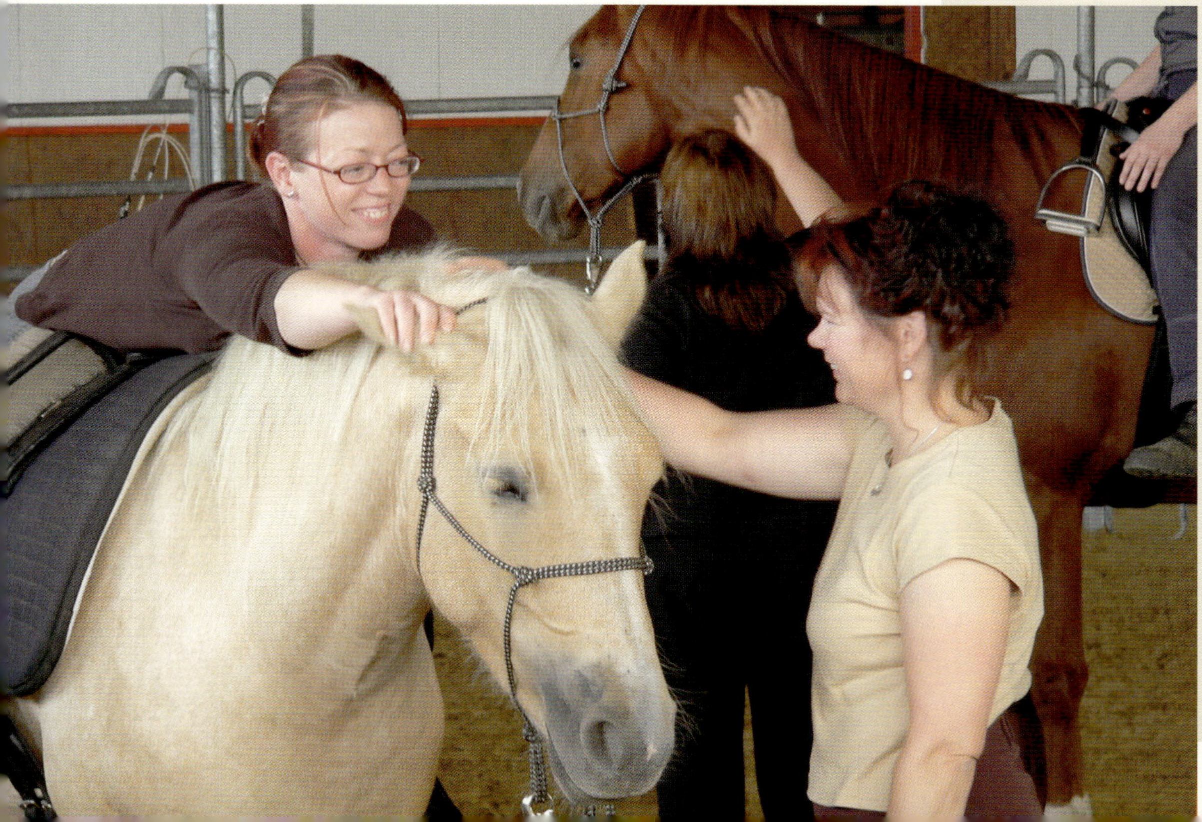

Ehrenkodex für Pferdisch Reitlehrer

Damit der Pferdefreund eine Orientierungshilfe bei seiner eigenen Beurteilung hat, haben wir einmal aufgeschrieben, woran er einen Pferdisch Reitlehrer erkennen kann:

- Ein Pferdisch Reitlehrer ist ehrlich: Er sagt, was er denkt und tut, was er sagt.
- Ein Pferdisch Reitlehrer ist ein Anwalt der Pferde, er schützt sie vor unpassender und Schmerz zufügender Ausrüstung.
- Ein Pferdisch Reitlehrer ist mutig, er geht seinen Weg nach seiner Überzeugung und richtet sich nicht nach Sachzwängen und Modeströmungen.
- Ein Pferdisch Reitlehrer kann auch jemanden enttäuschen, wenn es notwendig ist, dass dieser seine Selbsttäuschung erkennen kann.
- Ein Pferdisch Reitlehrer ist eine agierende Autorität, die liebevoll Menschen in ihrem Potential fördert.
- Ein Pferdisch Reitlehrer ist in der Lage, Grenzen zu setzen, Pferden und Menschen.
- Ein Pferdisch Reitlehrer verfügt über ein solides Wissen und Können, um Pferde gewaltfrei ohne jegliche Ausbinder, Hilfszügel, Sperrhalfter, Sporen, Gerten und andere Gewaltmittel zu händeln.
- Ein Pferdisch Reitlehrer stellt sich niemals über seinen Reitschüler, nutzt ihn nicht aus, weder energetisch, noch finanziell, und macht sich auch nicht vor ihm klein, weil der Geld hat.
- Ein Pferdisch Reitlehrer geht mit seinem Reitschüler kein Risiko ein. Er schult am Pferdisch Impulsband, solange das erforderlich ist und bietet Sicherheit und einen entspannten Rahmen zum Lernen.
- Ein Pferdisch Reitlehrer ist von Pferdisch geprüft und zertifiziert. Die Zertifizierung wird jährlich nach einer Supervision erneuert, was an der Plakette auf dem Reitlehrerschild erkennbar ist. Er verfügt über eine Berufshaftpflichtversicherung.
- Ein Pferdisch Reitlehrer ist nicht zugleich Pferdisch Pferdetrainer oder Pferdisch Seminarleiter. Dafür sind separate Ausbildungen notwendig, die ebenfalls zertifiziert werden.

»Das Pferdisch Prinzip – Bodenarbeit: Respekt – Vertrauen – Balance«

Christine & Friedhelm Pohl

Pferdisch ist die Sprache der Pferde. Mit Hilfe dieser Sprache gelingt es, Pferde gewalt- und stressfrei auszubilden. Die Pferdisch – Bodenarbeit formt die Beziehung zwischen Mensch und Pferd auf der Basis von Respekt und Vertrauen. Auf diese Weise ist es möglich, allein durch Körpersprache das Pferd am Boden zu schulen und in Balance zu bringen. Dieses Buch vermittelt mit Hilfe aussagestarker Bilder das Konzept und die Techniken der Pferdisch Bodenarbeit. Dem Leser wird eine ganz neue Dimension in der Kommunikation Mensch – Pferd eröffnet.

Dr. Christine Pohl möchte in ihrer Arbeit das Bindeglied zwischen Menschen und ihren Pferden sein und diesen so ein erfülltes und harmonisches Miteinander ermöglichen.

Friedhelm Pohl möchte anderen Menschen ein starker und ehrlicher Partner sein, damit diese »in ihre eigene Kraft kommen« und unabhängig von anderen ihre Ziele erreichen können.

Das Pferd ist für beide nicht Sportgerät, sondern wertvoller Partner und Spiegel, mit dessen Hilfe die persönliche Entwicklung eigenverantwortlich gestaltet werden kann.

Das Buch kostet 19,95 Euro, ist bei Müller Rüschlikon erschienen und im Buchhandel erhältlich.

ISBN 978-3-275-01558-0

»Das Pferdisch Prinzip – Reiten
Pferdegerechte Kommunikation im Sattel«

Christine & Friedhelm Pohl

Die Anwendung des Pferdisch Prinzips auf das Reiten führt zu einer harmonischen Kommunikation, die Pferd und Reiter Spaß macht. Dadurch lässt das Pferd sich gleichermaßen in der Bahn und draußen im Gelände gelassen und sicher reiten. Aus dem Pferdisch Prinzip wurde eine äußerst effektive Sitzschulung abgeleitet, die dem Reiter eine komfortable Balance ermöglicht. Darauf aufbauend ist eine sehr feine Hilfengebung im Einklang mit dem Pferd zu erzielen, die Spannung und Konflikte zwischen Mensch und Tier gar nicht erst entstehen lässt.
Dieses Buch vermittelt eine solide Sitzschulung, eine durchdachte Zügelführung, wirksame Notfalltechniken und eine pferdegerechte Hilfengebung, die mit jedem Pferd auf Anhieb funktioniert und reitstilunabhängig ist.

Dr. Christine Pohl durchlief unter anderem eine klassische Dressurausbildung im In- und Ausland. Eine Richtung, die für sie nicht befriedigend war. Es begann schließlich eine Suche nach einer pferdegerechten Kommunikation.

Friedhelm Pohl sammelte nach einer Westernausbildung Erfahrungen in verschiedenen Kulturen, auch mit frei lebenden Pferden im Ausland.

Gemeinsam entwickelten Dr. Christine und Friedhelm Pohl das Pferdisch Prinzip und betreiben heute ein erfolgreiches Ausbildungszentrum für Reiter und Pferd im westfälischen Warendorf.

Das Buch kostet 19,95 Euro, ist bei Müller Rüschlikon erschienen und im Buchhandel erhältlich.

ISBN 978-3-275-01567-2

»Das Pferdisch Prinzip – Ausbildung & Korrektur Kommunikation statt Konditionierung«

Christine & Friedhelm Pohl

Wenn ein Pferd ohne Respekt oder mit Angst durch seine Ausbildung zum Reitpferd geht, wird es lebenslang ein Korrekturpferd sein. Alle Gewalt- und Zwangserfahrungen sollten dem Pferd erspart bleiben. Die Autoren beschreiben als erfahrene Trainer einen Weg, wie Pferde – ihrer feinen Art gerecht – zu eleganten, geschmeidigen und motivierten Partnern geschult werden können. Ein unverzichtbarer Ratgeber für alle, die von Anfang an alles richtig machen und bei der Ausbildung die Bedürfnisse des Pferdes im Auge behalten möchten.

Dr. Christine und Friedhelm Pohl entwickelten gemeinsam das Pferdisch Prinzip. Sie betreiben ein Ausbildungszentrum für Pferde und Menschen in Warendorf, wo sie nach den Grundsätzen des Pferdisch Prinzips Persönlichkeitsentwicklung fördern und Reiten als Charakterschulung verstehen. Das Ergebnis ist ein liebevoller und deshalb effektiver Umgang mit anderen Kreaturen.

ISBN 978-3-275-01588-7

»LebensWichtiges«

Friedhelm Pohl

Gehören zu den wichtigen Dingen unseres Lebens nicht

- der Erhalt eines gesunden Körpers;
- die Entwicklung eines wachen, selbst bestimmten Geistes;
- der Aufbau und Erhalt unserer zwischenmenschlichen Kontakte als unser Lernfeld und
- die Entwicklung unseres Bewusstseins, unsere spirituelle Entwicklung?

Und wie viel Zeit wenden wir täglich für diese wichtigen Dinge auf?

Der Autor hat in einem langen und schwierigen Prozess die »sicheren« Aspekte seines Lebens hinter sich gelassen, um sich den Wichtigkeiten zu widmen. Er möchte den Leser an seinen Erfahrungen, Erkenntnissen und Einsichten teilhaben lassen, wobei er sich als Mutmacher und Orientierungshilfe versteht.

Das Buch kostet 19,50 Euro + 1,50 Euro Versand (innerhalb Deutschlands). Bestellungen sind möglich per Email (info@lebenswichtiges.de). Bitte Namen und vollständige Anschrift angeben. Die Bezahlung erfolgt durch Überweisung auf das Konto der Pferdisch GbR:

Deutsche Bank Münster
Kto.Nr. 0120030
BLZ 400 700 24

nach Erhalt der Rechnung.

ISBN 3-00-016534-7

Index